邱柏洲・李曜輝・劉真妤 著

自己發包
絕不受氣上當
裝潢攻略 —暢銷更新版

不怕被賺價差，小錢也能打造風格宅

網友推薦序

認識邱柏洲好多年了。那時候我還在報社當記者，因為尋找案源而相識。對家居佈置的許多理念很相投，漸漸成了好友。

我們都不喜歡過度裝修，喜歡空間有屋主的個性存在，邱柏洲更是鼓勵屋主沿用帶有感情的舊傢具，不一定非得都買新傢具。也因為這樣子，邱柏洲的案子許多都很有屋主本身的故事和個性。

很高興邱柏洲的第二本書在千呼萬喚下，終於生出來了。相信有家居夢的你和我，都會因為這本書受惠許多，也能慢慢打造出屬於自己特色的居家。

— Tina 前資深居家記者

市面上很難找到一位設計師，能像邱 Sir 一樣，僅使用小小的預算，就可以裝潢出擁有個人風格的時尚美宅。

邱 Sir 讓大家瞭解：想要有夢想中的居住空間，只要知道方法，完全不需要盲目的亂花錢！

— Alex Wang 每天回到家都很放鬆自在的醫師

一直無法確定自己喜歡的設計風格？

口袋深度有限又擔心設計師漫天報價？

自行發包不知如何跟工班溝通施工細節？

當初千萬頭緒不知從何開始，邱 Sir 提供的諮詢實在是專業又貼切。先從了解自身的需求做起，只要把預算花在刀口上，小錢真的能夠完成心中的夢想家！

— Owen 部落格『大陸雞 努力拍月光！』版主

"邱老師的設計渾然天成，這本工具書會是您成就溫馨家居的最佳捷徑聖經。"

— Jaan Lee

若你想要一間日後想起來都會微笑不已的自宅，你可以看看這本書。

小時對家的模樣渾渾噩噩，長大後會思考想住在那個都市或哪個鄉間，出社會後則開始研究哪個地方的居住環境與房價比最有效益，而當簽下購屋契約，想要的居家樣貌便不時躍入腦中。

請個設計師統籌一切自然容易，但未必只能有這個選擇。我們唸的不是室內設計，更不在建築事務所工作，買房子之前更是碰都沒碰過裝潢書籍，素人如我們，也敢於夢想打造一間全憑我們喜好、符合我們需求，為所有居家成員量身定製的舒適自宅。

我們能夠輕易說出家裡每一個角落為何這樣做、為什麼挑這種顏色，又為什麼這樣長、這樣短，就像是玩積木的小孩子，每一塊積木所在位置都有它的意義。小孩子喜歡玩積木、蓋房子，長大了，我們設計自己的房子，請人來幫我們「蓋」。

我想說親手打造自宅的美好，但不會避談過程中的艱辛。裝修的眉角很多，多到能自成一個書系，或成為出版社的唯一題材，幾乎讓人望之卻步，而這正是寫作這本書的原因。有很多設計師、工班寫裝修與設計的書，但他們都是專業，我們想，也許裝修房子的門外漢會想知道另一個門外漢如何打造自己的房子，正因為我們都不專業，或許我們能提供設計師和工班以為是常識，對普通人來說卻是關鍵的裝修技巧。

若你想要一間日後想起來都會微笑不已的自宅，你可以看看這本書。

Hatsuka

人與感情才是「家」的真主角！

　　曾經在日本台電視頻道內觀賞到一個節目：一家六口侷促地住在堆擠滿雜物的空間裡，當他們決心改變時，工作人員藉著雜物清理、房間規劃過程中，一個個感人溫馨的故事也被發掘。其實在我的室內設計職業生涯中，也充滿了這樣的故事：夫妻風格差異大到翻臉、被黑心裝修欺騙而充滿戒心的上班族、婆媳收納觀念水火不容、都會女子只進不出的衣服、只顧風水企圖空間大挪移的商人……是的，在每個程度上，我們都是個家的「完美狂」，想要完成自己心中的夢想屋，但是太多想法放進有限預算的空間內，終究需要取捨：金錢上的容易，但感情上卻很困難。

　　人和人相處久都免不了有感情，更何況這個疏離的現代，人和東西比人和人相處更久，但是在這個買東西太簡單的時代，如果丟東西也太難，我們會不會太跟不上這個新世界？室內設計的工作讓我深刻了解：每個人心中都有一座完美的空間，並賦予這個空間想像和情感，但實踐這個空間到家的過程中，我們會不會太重視物質，而忘了以感情、互動為主的硬體安排，這樣才是家吧？

我與李曜輝設計師與其說是設計師，倒不如說是居家整理顧問，在有限的諮詢時間內，幫助屋主、釐清方向、整理動線，溝通過程中密切又得顧慮屋主隱私。在百感交集的溝通、省思過程中，幫助屋主提起勇氣好好把家的需求從頭到尾端詳一遍，並教導如何重新檢視優先順序，割捨那些牽絆生活的冗贅之物，更重要的是以人為主的設計，因為沒有「人」的場域空間只是一個空殼，人與感情才是「家」的真主角，家不應僅是一個居住的場所，也記錄了參與者的情感、記憶、甚至一個緊密的互動脈絡，只有住在空間裡的一家人，用笑用淚用溫暖堆砌的氛圍，才撐得起空間的美，即使是廉價傢具，也能因此擁有光彩。

　　這本書其實就是每個屋主的故事，謝謝他們打開大門讓我的團隊可以走進他們的世界，物質的、心裡的，分享他們的成長與情感，更要謝謝劉真妤小姐與楊惠敏小姐，沒有他們就沒有這本書。

目錄

自己發小包不會很困難嗎？

掌握流程及預算，
自己找工班裝修一點也不難！

"即使沒有做過，也可以盤算達成的機率有多少？不是每件「沒做過的事情」都不可能完成。" ～天下雜誌群董事長殷允芃

發包
常見疑問

Q：室內裝修發包的種類有哪些？

A：室內裝潢工程的發包方式有三種，一是由設計師全包，由設計到施工都由其自有或合作團隊負責；二是統包，由統包商出面承作工程再發小包給各個工序的工班，市場上有專業的統包商，也有由某單一工序的工班統包，再發包給熟識的其他工班；少了設計師，一般來說除非業主對風格和空間有一定的品味及概念，否則施作上大多是以工班的經驗為主。在台灣，這兩種方式為大數人採用，很少人知道其實還有第三種選擇：自行發小包。

Q：真的可以不找統包或設計師自己發包嗎？

A：試著自己動手裝潢房子，聽起來像是一件不可思議的工程，但是老實說，只要概念清楚又掌握好裝潢的流程及預算，自己找工班裝修房子一點也不難，而且還可以省到預算跟學到不少居家裝修的技巧及故事，更加深對「家」的愛戀！

Q：可是我不知空間該如何規劃，又該如何找工班呢？

A：有些室內設計師有諮詢的服務喔，不出圖但是給意見，比設計費便宜；也可以請他介紹工班或請工班介紹工班，但自己接洽發包。

圖片提供_朵卡設計

⊖ 貝貝一家自己發包打造清爽溫馨北歐風小窩。

Q：自己發小包真的有比請設計師便宜嗎？

A：自己發小包，自己規劃好、找工班發包，不用擔心設計公司或統包給你加賺好幾手，絕對超值。屋主直接與各個工序工班接洽，而直接省去中間人，避免了訊息傳遞錯誤的風險，也省了抽成佣金，對於有想法卻口袋不深的屋主來說，是個很吸引人的選擇。有人還部份 DIY，省更多，不過記住一點大原則：沒有什麼比不做更省錢，釐清自己想要的東西，其實有很多替代方式可以達到你要的結果。

想清楚自己要什麼再發包

1. 找專業設計師諮詢：少了專業的室內設計師或統包工頭來整合，屋主必須自行設計規劃，對工序和工程內容清楚，進入門檻高，讓人望而卻步，這時可以找設計師當顧問做諮詢，請他針對你的需求提供規劃和工程的專業意見（例如格局如何、該由哪些工序和步驟達成目標），因為不用動用人力丈量、考慮細節和畫圖，設計師也不介入發包，因此較不會推銷一些不需要的工程，整體來說諮詢費會較設計費來得低，屋主也不會毫無頭緒。現在已經有設計師願意提供這樣的服務。

2. 了解工程順序，發包並不難：基本上新成屋屋主想自己設計自己的房子並不難，但是思緒絕對要清楚，在這裡以一個不需要泥作工程的新成屋為例，其工班順序應為冷氣→水電→木工→油漆→非泥作地板（若有）→系統櫃→燈具→清潔、活動傢具。

3. 找尋「目標風格」圖片：室內設計的考慮可以分為「功能」與「風格」，大致上工班都能幫你搞定「功能」，例如鋪地板、做櫃子，但是什麼樣花色的地板、什麼樣樣式的櫃門，有時實在傷腦筋，建議多做風格的功課：找出喜歡的居家風格圖片，從中學習並模仿其風格，有「目標風格」，將來夢想屋才不會設計走調、風格失序。

圖片提供 _ 朵卡設計

☺ 找到照片提供給師傅看比較好溝通，以免雞同鴨講。

4. 明確知道自己要什麼：要做這點十分重要，因為如果你沒法子把你的思維與師傅溝通，當然無法把你想要的呈現在家裡。用講的可能會有誤差，最保險的做法是用圖面：衛浴、系統、燈具等工班大部分都會出圖，唯有傳統木工不出圖，但若少做木作、盡量用現成傢具來代替現場訂製的木工，不僅溝通簡單，也比較不容易出錯；除此之外你也可以將喜愛的風格、款式、顏色、材料等，找到照片提供給師傅看，與師傅好溝通。

插畫_黃雅方

5. 找工班的好方法：

● 預售屋團購：購買預售屋時建商或有特定的合作工班，有一定的施工水準，和其他購屋者一起大量採購價格上可能有優勢。

● 屋主可「掌握狀況」的熟人：要裝潢，許多人會以為是熟人比較便宜，然而常常因為是熟人或者晚輩，屋主不好意思堅持己見，事後要不是另外找人修改，就是默默接受不合己意的結果。因此若是要發包給親友，一定要確定是可以溝通，了解自己的想法並且願意配合工程內容進行的對象。

● 裝修前多做風格的功課，透過居家裝潢雜誌、網站或書籍可以挑選喜歡的風格，蒐集相關的照片，從中學習並模仿其風格，將來夢想屋才不會設計走調、風格失序。

● 使用者介紹：一旦要裝潢，通常都會有親朋好友介紹設計師或工班，大多數的人也是透過這樣的方式選擇，能直接看到施作一段時間的成品（一年以上）是最好的評估方式。

● 由工班找工班：如果有確定或信任的工班，也可以請其代為介紹慣於合作的其他工序工班，例如由水電介紹泥作和冷氣工班。因為工班間本來就是合作夥伴，有一定的默契，在工程需要密切銜接的部分可以省去許多屋主聯絡和協調的心力。

● 自家附近、有實體店面者：自家附近便於維修養護，而有實體店面的工班好處是比較不用擔心做到一半跑掉，比起只有一通電話，至少知道可以到哪找人；看該店的門面及存續的時間也可以判斷是否為有實績的工班。

● 不管所找的包工是親朋好友、網路口碑，最好還是看一下他們做過的工程、並跟其他屋主打聽對該包商之工程及服務的評價、看看他有沒有專業證照或者〈室內裝修人員審查合格〉之施工執照以便了解其專業能力及誠信程度，必要時，甚至可以到其公司查看是否正常營運。

6. 監工很煩惱，專業幫你搞定：若對工程怕怕，畢竟專業的監工人員經驗是遠遠超過一輩子可能沒裝潢過三次房子的素人，特別是在瑣碎的工班連繫和銜接，以及突發狀況的處理上，通常會耗費超乎預期的精力和時間，你可以請監工串聯工班，專業監工串聯工班保品質，但是不碰錢，發包與金流經過屋主，但工程串接、驗收等，請監工負責，這樣你的夢想屋就可以兼顧品質、預算與風格。

不要怕！裝潢發包自己來

圖片提供＿朵卡設計

Home Data

屋主：劉先生 & 劉太太

劉先生和劉太太是小狗貝貝的把拔馬麻。從事證券業的貝貝把拔在繁忙的公務之餘，最喜歡和家人窩在舒適的家裡。

所在地：台北市大安區

屋齡：10 年

坪數：27 坪

格局：二房二廳二衛

家庭成員：2 大 1 狗

尋找小包時間：
2009 年 6 月～7 月

正式裝修時間：
2009 年 7 月～9 月

總裝修費用：
約 NT. 150 萬元（不含活動傢具及家電）

站在華麗花崗岩裝飾的挑高騎樓下，這棟緊鄰文湖線，離捷運站沒幾步路的的高聳建築，比起所謂的豪宅，裡面大概更像是辦公大樓或商務飯店，要不然也八成是隱密的奢華會館，起碼在那扇私人招待所風格的厚重大門開啟前會讓人這麼覺得。

所以當踏入柔和明亮、鋪著溫暖淺色木地板的屋內時，會有一種進入另一個世界的感覺。

「這裡的前屋主擁有整層樓，我們這半邊本來是視聽娛樂區呢！」活潑爽朗的貝貝馬麻說明屋子的過去，也因此這個房子並沒有一個住家完整的功能，例如廚房和陽台。大樓式的外推氣密窗，一開旁邊大馬路的噪音和揚塵就有進入屋內的疑慮，然而高樓層明亮的採光、房子後方面向學校公園的景觀，重要的是難得一見的好地點，讓這對新婚的小夫妻一咬牙，決定讓這裡成為未來孩子的家。

一句話，危機變轉機

為了人生第一間房子，這對看起來像大學情侶的年輕夫妻懷抱著對新居的期待，開始四處去尋找資料。

「長輩和同事介紹五間設計公司、兩個統包商，除了兩家是聽了我們的預算就沒消息之外，只有一家公司有給照片、檔案、報價資料，其他公司只有簡單傢具配

⊙ 以淺淺的大地色和簡單的線條
打造北歐自然風居家。

置圖，統包甚至圖都沒有，而報價都只有紙本讓你瞄一下，除非自己手抄，否則也沒法比價；當然所有的報價格超過預算很多，有的甚至超過一倍以上。我們那時努力的做功課，上網爬 MOBILE01 與網拍，還買了一本《裝潢費用完全解答 300 Q&A》去瞭解一些工料相關的行情，結果有個設計師因為一直被殺價，就不耐煩地說：『那你們要不要考慮自己發包好了！』」貝貝馬麻說，當時覺得很生氣，心想：「我們買這房子已經很辛苦了，省吃儉用才拿出來一百多萬裝修耶！」不過現在回想起來，覺得這真是一個好建議！！

　　剛好這時候他們也找到一個很「不一樣」的設計師，邱柏洲先生與他的工班團隊。

專業咨詢＋主動學習

　　邱設計師推廣理念，在台灣並不常見：屋主親自主導打造自己的家，省去不必要設計造成的浪費，直接反應屋主的品味及生活習慣，設計師的角色是在必要時提供專業，協助屋主將感覺和需求轉化為能和執行工班們溝通的語言。善於收集整理資料的貝貝把拔馬麻，十分認同這樣的理念，兩人認為買房子已經花了很多錢，實在沒有太多的預算花在裝修，若能比價瞭解行情，一定可以把錢花在刀口上，在工程過程中，也可以從各提案的規劃中吸收知識，學習能力旺盛的貝貝把拔，甚至還能用 Google SketchUp 畫出和設計師溝通的圖面，然而，

圖片提供 _ 朵卡設計

⊙ 客廳裝修前，原來的對外窗完全被木作遮住。

身為主角的屋主並不輕鬆，必須要學習許多觀念和知識，才能擔起主導者的角色。

室內設計的考慮可以分成兩大項，一為「功能」、二為「風格」，兩部分相互影響、相互制約，兩者如何達到和諧統一，便就是室內設計的藝術。而「預算」則是為了達成「功能」與「風格」的工具，

⊙ 有情門的梣木單元櫃有五種尺寸三種顏色，可以隨意組合，簡潔具設計感的線條不論北歐風、自然風或是日式禪風都好搭，當做隔間或是靠牆用都很適合，是很好用的單品傢具。

圖片提供 _ 朵卡設計

⊙ 廚房與玄關裝修前的並無玄關，廚房的位置本來是視聽室電視牆。

圖片提供 _ 朵卡設計

圖片提供 _ 朵卡設計

⊙ 依據喜好和生活習慣，決定用開放式廚房，讓家裡看起來更寬敞。

有效運用避免浪費，才能使每一分錢得到最大的效益。整段室內設計其實就是：在合理的「預算」用「風格」完成「功能」。

　　而貝貝家的第一課，就是決定要自己發小包，在自己控制預算下用「風格」完成夢想家的「功能」。

☺ 這款紙月傢具電視櫃約 NT.30,000 元，色系與外型均符合屋主所需的純淨，讓視聽環境多了更豐富的變化；再配合風格特選超夢幻白色家電──sony 電視及 bose wave 音響，讓視覺更加統一。

圖片提供＿朵卡設計

☺ 精選家飾傢具強調空間主題。以 Charles Ghost Stool 作為吧檯椅，簡潔不繁複，通透的椅身具現代感，且保持了中島至地板視覺一貫性。

圖片提供＿朵卡設計

圖片提供＿朵卡設計

☺ 貝貝馬麻覺得中島流理台最棒的一點就是可以邊洗東西邊看電視。

圖片提供＿朵卡設計

☺ 將吸力較強的抽油煙機藏於櫃子之中。面板選用黃金鐵刀色澤，斑馬紋橫紋造形的薄陶板，可使用於廚房門板也可以使用於廚具上下櫃中間腰帶的貼壁，經 1,150 度 C 高溫釉燒超光滑的表面讓表面更不容易附著污垢，若再加入奈米抗污技術還可以防污抗菌；比美耐板、結晶鋼烤強度更強，耐刮耐洗、耐磨損、更是好清潔。

☑ 不做更省錢

設計師或工班規劃的內容常常是一般情況或主流、普遍的做法，不見得是你所需要的，例如天花板和間接照明（詳見木作篇 P110 和燈光篇 P126），以及最常見的木作櫃，想想「為什麼要做這個？」，如果理由不是必要的、可以用別的更經濟的方式取代的，那就乾脆刪掉吧！

☑ 報價單工料項目清楚

一分錢一貨在裝潢的領域裡是真理，工班估的總價，在不知道裡頭有多少工多少料的狀態下胡亂殺價，就等著被偷工減料吧，賠錢生意沒人做啊！想議價就必須要知道報價單裡含的是甚麼。量一定要有，例如幾個、幾坪、幾才，最好有列出材料品牌，不過連工帶料的報價方式，有些時候是因為工序難以分割，若要求分得太細工班會不知道怎麼估價，反而高估，這時可以請他們交代材料資訊，以及說明作法，例如油漆用什麼漆、批幾次土（幾底）刷幾層（幾度），而不是報刷多少瓶就好。

☑ 尋找替代品

收到報價必須包含各材料的單價和品牌等資訊，這時便可以依據預算和需求調整。可以選用品質穩定但知名度不高品牌或國產品，例如五金。或是依使用比例來分配，例如經常使用的客廳冷氣選進口變頻機種，而一年沒幾天有住人的客房兼儲藏室，用國產定頻冷氣即可。具有裝飾用途的物品，例如傢具家飾，名牌或大師作品當然有其獨有的價值，但考量預算可以多找設計精神或風格相近、但較為大眾化的品牌，或是知名度不高但有特色的商品，也能佈置出自己的風格。

圖片提供_朵卡設計

⊙ 別將裝飾做在裝修上，如圖只用漆色和傢具營造低調奢華感，省錢又有好風格。

☑ 不將裝飾做在裝修上

當你開始想把複雜的裝飾做在裝修上時，工程會變得複雜而且難以控制，例如泥作的文化石牆、假壁爐的電視牆，這些工法若是用簡單的掛畫或者現成傢具來代替會較省事；況且缺乏美學素養的包工在現場操作多半因陋就簡，對尺寸、比例的掌握上也不是很精準，做出來的東西往往不如預期，但是若

買現成的傢具不僅容易控制，大部分成品也較好看。將裝飾用裝修的手法來做，不僅將來無法移動，也導致工程溝通繁瑣，加上作工較多，預算也會增加。記住省工不僅省事，還可以省溝通、省監工，更省錢。

☺ 除了地板及牆面粉刷，書房所做的只有將原屋主留下的書櫃門片重新噴漆，擺上精選傢具，感覺就與裝修前大大不同。本來是深色地板，比較嚴肅，改成淺色地板 比較輕鬆。

☑ 工班訂金不要給太多

包工大多只報價不簽合約或者以報價單作為簡單合約，報價單可以要求盡量寫得確實，最重要的是不要給超過工程款四分之一的訂金。大部分錢是在工程驗收後再付，表示工程期間都是你欠工班的而非工班欠你的，若是你欠工班的，工班當然希望盡快做完、趕快驗收拿到錢，而且也不會發生工班拿了大筆訂金而不見人影的情況。

☑ 連工帶料省時省事

工班有兩種計費方式，連工帶料是最常見到的發包模式，優點是工程繁瑣、材料眾多，如果不是很熟悉，常會搞得焦頭爛額；若是找到可靠的包工，請他們註明使用何種材料，即可省去很多瑣碎的事，還可兼顧品質，對於沒有太多時間比較建材價格的人來說，這樣比較方便。這樣方式可適用於：木作（料難比價）、油漆（料價比例少）、系統、水電（料價比例少）。當然簡單的工料分開方式也並不難，這樣方式適合用在：冷氣（冷氣施作工班不一定拿得到好的機器價錢）、泥作（好的泥作師父不一定了解瓷磚選擇）。

發包時小叮嚀！

1. 自己發包一點也不難，你只要設定預算、搞懂流程，多找些喜歡的風格的目標圖片，就可以準備找工班來做了！
2. 工班除了找熟人介紹，也可以從離家近且有店面的店家開始找；
3. 想省錢，不做是最有效的方式，或是找看看有沒有更便宜的替代方案。
4. 如果還是有點怕怕的就找設計師諮詢，請個監工幫妳把關，可以兼顧品質、預算與風格。

家人所要的風格與功能不同，如何解決呢？

在合理的「預算」下，以「風格」完成「功能」

自己設計自己的房子並不難，但是思緒絕對要清楚，室內設計的考慮可以分成兩大項－一為「功能」，二為「風格」。簡單的來說室內設計就是「以風格來完成功能」，「功能」與「風格」相互影響、相互制約，兩者要達到和諧統一，就是室內設計的藝術。

發包
常見疑問

Q：「功能」該考慮什麼？

A：「功能」指的是幫助生活完成的實際施做，例如：冷氣、崁燈、收納。室內設計「功能」考慮目的，為實現居住者對生活機能的需求。如何透過動線安排、隔間格局、傢具擺設，讓住在裡面的人體驗到便利、舒適與愉快的生活環境，為「功能」考慮的最重要目標。工程方面的實踐是指：泥作、木作、門窗、櫥櫃、水電等較固定的工程；考慮的成果應為平面設計、傢具配置圖，這樣做如果太專業或太抽象，也可以現場放樣在地上貼膠帶、模擬生活動線的演練，既生動又清楚。

Q：「風格」又該考慮什麼？

A：「風格」指的是幫助「功能」完成的視覺呈現，例如：牆色、傢具、櫃門。室內設計「風格」考慮目的，為體現每個人不同的審美觀。有人執著於鄉村風、有人崇尚自然簡樸，對空間美學的定義因個人背景與文化大有差異，沒有誰對誰錯。風格的形成主要呈現居住者獨特的文化、個性與美學素養，就工程方面的實踐是指：油漆、燈飾、傢具、布飾等其他較輕且活動的工程；考慮的成果應為配色、傢具搭配圖，這樣如果太專業或太抽象，也可以把喜歡的顏色、布料、傢具圖片通通貼在一張大紙板上，反覆看看它們混在一起搭不搭，不搭就換掉，就如同搭配衣服與首飾一般，其實還蠻有趣的！

Q：聽說室內設計的風格有這個風、那個風？我都不知道怎麼辦？

A：每個人的房子都不應該是制式的佈置與格局，不該是居家雜誌上美美照片的翻版、或是建設公司樣品屋依樣畫葫蘆、更不會是左鄰右舍的東抄西仿；每一個房子都應該是屋主美學的放大呈現，沒有一個刻板印象的風格能描述你個人的內心空間，所以管他設計師說這個風、那個風？你喜歡什麼、你家就應該是什麼！但要注意的是如何將腦中模糊的風格影像，能夠聚焦與家人、工班、甚至自己溝通，本章將教你找出「目標風格圖片」，幫助你撥開風格迷霧、釐清你心中的風格願景！

⊙ 在地板上用膠帶標出未來傢具的位置，走看看就可以知道動線順不順了。
圖片提供 _ 朵卡設計

圖片提供 _ 朵卡設計

⊙ 客廳、廚房、餐廳流暢的動線創造更緊密的家居關係。

反覆思索，了解心中對家的需求

圖片提供 _ 朵卡設計

⊙ 功能的考慮，其實就是要你詳細定義你的生活習慣怎麼運用到未來的空間。

1.「功能」設定注意事項：家是一個人除了工作以外，每天停留最久的地方，人在家睡覺、放鬆、與家人相處、甚至與心靈對話，家是一個人最自在又最私密的所在。但是關於每天定時回去睡覺的地方，你是否真的用心去了解、規劃？現在的房子符合你的期待嗎？若不，怎麼改才能更好呢？室內設計的「功能」的考慮，其實就是要你詳細定義你的生活習慣怎麼運用到未來的空間，每個空間的作用是什麼呢？

2.問自己以下這些問題：這個房子未來 6 年有多少人會住？是哪些人？這些人將來 6 年會有什麼變化？生活習慣？讀書或娛樂的選擇？收納習慣？蒐藏愛好？需不需要留空間給短暫居住的親朋好友？屋主社交的情況？是不是常高朋滿座還是喜歡獨處深思？你可以與同居住者一起探討這些問題、或腦力激盪、或解答、或達成共識，藉由平等的討論，最能夠精準的詳細定義公用空間（客、餐廳）的功能。另外，私人空間（個人房間）實在應該尊重每個房間居住者的需求（即使是小朋友，也應該尊重他的意見），公、私空間功能確定，這樣一來隔間格局、動線也就水到渠成了。

若是你有找專業設計師諮詢，除了上述的討論外，也可以加入想沿用的舊傢具、舊家現況照片等資料，讓設計師趕上你們的生活歷史，這些資料都有助於設計師分析你的生活、收納型態，以利新家功能的規劃。

3.空間的隔間設定應以人為主：我們是因為需要完成舒適的居住空間，才會有傢具、收納的產生；這樣的觀念雖然淺顯易懂，但卻為多數人所忽視。常會看

到有人先以收納、舊傢具為主，而忘了哪個位置能夠暖洋洋的曬曬太陽、人走進室內迴旋其間是否得宜？其實如果設計能回歸以人為本，合理與適用的隔間格局能安排，塞滿收納與傢具的尷尬其實是可以避免的。

4. 不將「功能」的工程手法硬加在「風格」上： 在實踐「功能」的工程上，很多人有誤解：例如鑲嵌裝飾、耗工的牆面等固定的裝飾工程，其實可以用活動藝術飾品裝飾的手法來代替，比方說搭配的畫作、雕塑、主題燈具等，這樣空間整體的豐富程度沒有降低，卻從昂貴訂做又不可拆除的項目移轉到較經濟且可以移動的項目，如此一來絕對省錢許多，而且未來搬遷或改裝時亦可重複使用。事實上，有太多人將實踐「功能」

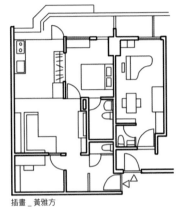

插畫 _ 黃雅方

⊙ 合理的隔間安排和傢具配置，才能讓人住得舒適。

圖片提供 _ 朵卡設計

⊙ 現成的床頭面板或床頭桌，不僅有多樣選擇而且較經濟，比用木作好。

的工程手法硬生生的要加在「風格」上，例如木作的床頭面板或床頭桌，其實買現成的不僅有多樣選擇而且較經濟，若將這些用木工作死，雖然看似堅固，其實靈活性與美觀已大不如前，花了大錢效果又不好。

5.「風格」設定注意事項：每個人的房子都不應該是制式的佈置與格局，不該是居家雜誌上美美照片的翻版、或是建設公司樣品屋依樣畫葫蘆，更不會是左鄰右舍的東抄西仿；每一個房子都應該是屋主美學的放大呈現，沒有一個刻板印象的風格能描述屋主的內心空間。居家風格的形成主要展現居住者獨特的個性與美學，在定義什麼「風」之前，先要了解自己的喜好和品味，再找出目標風格圖片，從中學習並模仿其風格，這樣有「目標風格」，將來夢想屋才不會設計走調、風格失序。

6. 找出喜歡與不喜歡的居家風格圖片：建議風格 DIY 的人從觀察舊家的各個角落著手，開始分析新家的需求與美學想法，另外佐以大量閱讀相關的室內設計

⊙ 先要了解自己的喜好和品味，再找出目標風格圖片，從中學習並模仿其風格。

圖片提供 _ 朵卡設計

☺ 夫妻品味不同，一人喜歡古典華麗blingbling，另一人喜歡簡潔明亮的現代設計感，只好從中找出可以接受的共同點。

圖片提供 _ 朵卡設計

圖片提供 _ 朵卡設計

風格圖片，你可以找出 9 張你喜歡與不喜歡的居家風格圖片，尋找圖片時應從氛圍、感覺入手，切勿侷限於單項傢具、單一顏色，才不會見樹不見林。那為什麼要大費周張的找尋不喜歡的呢？其實有時百分百討厭的圖片也有所幫助，至少在家人或設計師溝通時，能夠表白絕對不喜歡的風格，可以避免許多錯誤呢。

7. 好的設計是完成居住者心中的 Dream House：重視風格的趨勢也給屋主本身提出了一個更高的要求，需要屋主有較高的審美觀，能通過對傢飾的排列組合表達出自己的想法。想要家中的風格突出個性，所選擇的裝飾與顏色一定要是自己喜歡的，當然也可以從居家雜誌中獲取一些靈感，為各種裝飾找到相應的位置。

有捨才有好風格

圖片提供_ 朵卡設計

Home Data

屋主：劉先生＆劉太太

劉先生和劉太太是小狗貝貝的把拔馬麻。從事證券業的貝貝把拔在繁忙的公務之餘，最喜歡和家人窩在舒適的家裡。

所在地：台北市大安區

屋齡：10 年

坪數：27 坪

格局：二房二廳二衛

家庭成員：2 大 1 狗

尋找小包時間：
2009 年 6 月～7 月

正式裝修時間：
2009 年 7 月～9 月

總裝修費用：
約 NT. 150 萬元（不含活動傢具及家電）

上篇的貝貝一家決定自己發包後，就開始尋找風格圖片。出乎意料的，第一關就遇上了困難。貝貝把拔喜歡明亮簡潔的設計感，但貝貝馬麻喜歡的是古典奢華的風格，這麼大的歧異怎麼解決？

「我都告訴朋友，這個過程夫妻幾乎都會吵架，因為每個人想法都不同嘛，只能努力去找大家都能接受的。」貝貝馬麻說，她喜歡帶點歷史感又有點奢華，拔拔喜歡設計感，不喜歡老搖搖，喜歡柔和的大地色系這點馬麻可以接受，但希望可以有些華麗感的設計。

各自尋找喜歡的風格圖片

邱柏洲建議他們可以各自分頭，在書籍、雜誌或網路上找喜歡的圖片，每個人至少找 9 張，從裡面挑出兩人都可以接受的，一輪不行，就從縮小範圍後可接受的點開始找起，一定可以協調出來的。

「想說要理性溝通，就一人一疊室內設計書和圖片，各自推出理想的『候選圖』然後就開始『政見辯論』，努力去說服對方。」接著就拿便利貼進行投票，當然進行不只一輪，贏的人還有特權能把落選圖上的便利貼撕下來宣告勝利！貝貝馬麻笑著說：「我們兩個大半夜不睡覺弄這個，還要一邊很有風度裝客觀的投給對方選的圖，一邊算計怎樣讓自己的圖勝出，到後來感覺像是在

玩什麼對戰遊戲一樣！」

　　貝貝馬麻覺得，各自找出自己喜歡的圖片真的對溝通很有幫助，一方面有時候看到自己找出風格迥異的圖片，對自己的善變都覺得好笑，另一方面也因為語言很難解釋視覺感受，藉著圖片才能了解另一半在想什麼。

　　最後貝貝一家決定了去除歷史感，以無印良品為準則，再帶點北歐設計風傢具，當然還有拔拔馬麻都喜歡的大地色系。「現在我們買東西，都會注意風格合不合，不合的話就算再可愛，也會忍痛捨棄不買。」馬麻笑著說。「例如每次買傢具傢飾時都會問自己這個問題：如果是無印良品、森 Casa、MOT 的賣場，他們會擺這個？賣這個嗎？」

由生活習慣來決定居家功能

　　至於「功能」方面，貝貝馬麻覺得廚房會有油煙啊，當然是封閉式的好，但是另一半有不同觀點：「隔間那麼多，看起來空間就很小，很壓迫耶，」貝貝把拔於是徵求專業意見。

　　「你們是住在裡面的人，當然是以你們的生活習慣為準來判斷！廚房的話就是煮食習慣，常不常煮、油煙多不多來決定。」邱柏洲說。而且動線和格局不只看眼前，最好考慮到將來 6 年會有什麼變化；決定好隔間和主要傢具位置，可以在地板做記號放樣，走走看順不順。於是夫妻倆還是回歸到檢視生活習慣上：「其實我們沒有那麼常開伙，而且吃的也不油膩。」這樣的情況下，選擇了開放式

⊙ 玄關很重要的［功能］就是收納，規劃了放置鞋子、穿過的但還要再穿的衣服，還有放置常用包包的地方。玄關收納櫃不使用五金把手，讓出一些空間，相對視覺也柔和多了。

圖片提供 _ 朵卡設計

⊙ 廚房洗水槽對外，洗碗時還可以與客、餐廳家人互動；餐廳、沙發都對著電視，吃飯時也可以看到電視，因為客廳、廚房、餐廳流暢的動線讓家人關係更密切。

圖片提供 _ 朵卡設計

⊙ 餐廚設計搭上 QuickStep 的白色脂松地板，表面有自然的紋理，迎合淺色系的設計，卻不顯得生冷。脂松是北美特有的樹種，因其稀少和特有早已經受到保護而禁止砍伐，QuickStep 似真的白色脂松表現讓無印自然風更為加分。以地板作為中島背板的設計，模糊廚房及客餐廳的界線，空間更具整體感。

的廚房。

設定了風格和功能，連監工都不假他人之手，貝貝馬麻親自上陣。那麼辛苦親手打造的房子，住起來的感覺如何？貝貝把拔説：「家裡那麼舒服，窩在家裡不想出門的時間變多了呢！」沒誰比自己更了解自身的需求了吧？符合習慣的順暢生活動線、喜好的傢飾傢具，每個人都能設計或保留屬於自己的專屬角落，當然是最貼切、滿意度最高的；「築巢」過程驅使家人間的溝通，對「家」的認同感和歸屬感也變重，這大概是意外的好處了吧！

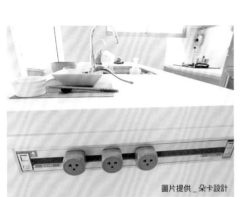

☉ 中島水槽也設計了貼心的側面插座，方便於中島吃火鍋與打果汁

☉ 洗手間其實都沒動，只換了衛浴設備和加裝浴櫃。

☉ 廚房中島做水槽，形成爐具、冰箱、水槽的「省力金三角」操作起來左右逢源、舉手投足間輕易完成了各項工作，比起要來回走動的一字型廚房省力很多。

☑ 尋找居家「風格」的好地方

逛逛傢具店尋找目標風格

一般的裝修流程是這樣的：先進行冷氣配管、木作與天花板、鋪地板、油漆、系統等基礎工程，再挑選傢具和配飾。屋主常一開始就落入裝潢細節，見樹不見林，尤其談到陌生的設計美學風格時，屋主常一頭霧水，倒不如先逛逛傢具店，先了解令人熟悉的傢具、家飾，找出喜好的傢具和配飾，更方便掌握喜好的風格，這樣比只是雜誌平面、網路圖片、要更能深刻感受，況且每家傢具店大多風格明顯，

☺ 艾莉傢俬是美式鄉村風的採購重鎮。

☺ 去 IKEA 展示館一趟可以欣賞到鄉村風、北歐風和自然風等風格的設計。

這樣的溝通方式也不錯：

風格傢具店選：

古典風： 皇廷、麗石、米提、金山、金茂、維納斯、瑪荷尼。

鄉村風： 艾莉傢俬、Ashley、山栗、英麗、Ikea Birkland 系列、IKEA LIATORP、ektorp、H emnes 系列

美式風： 伊莎艾倫、瑪莎家居、金山、L aura Ashley、Stickley、Ashley、羅森原木、浩森、IKEA LIATORP、H emnes 系列。

北歐風： Boconcept、M O T、luxury life、loft 29、Flos、www.flos.com、IKEA STOCKHOLM　系列。

自然風： 詩肯、有情門、無印良品、森 Casa、林木一郎、品東西、IKEA besta 系列、H emnes 系列

現代風： Kartell、N atuzzi、LORENZO、artemide、事達國際。

復古風： Retro Studio、尋寶跳蚤屋、Uncle Jack's、魔椅、Belleville 264 Studio、舊是經典商行、＋俱。

行天宮附設玄空圖書館

行天宮敦化北路Momo百貨後面巷子的玄空圖書館，一樓右側的第一閱覽室的國外室內設計書籍最多，

風格變化多又大，部分有單冊單風格介紹，更棒的是免費憑證件辦理借書證，最多可借 7 冊借期 30 天，真是好康！尤其國外的居家書籍一本買起來都要 2、3 千，對於想省錢不省腦的居家創意人來說，是一個不能錯過的好地方，另外這裡離 Momo 百貨的 IKEA、品東西、生活工場、宜得利、有情門、MOT、森 Casa 都近，參考完書籍可以順便就這些風格不同的傢飾店做實品屋參觀與購買，實在是一舉數得。

地址：台北市敦化北路 120 巷 9 號

電話：02-27136165　網址：www.lib.ht.org.tw

誠品敦南店、誠品信義店 3F

誠品敦南店應該不用多做介紹，定位為「人文藝術閱讀」，其室內設計與建築書籍區在結帳櫃檯前的主題推薦盆地一出來右轉的地方，刻意與後方較深的純藝術區域分隔，書籍又新又多，地上總是擠滿了空間創意人，逛完書店不妨到地下室的畫廊、藝文空間坐坐，說不定你家會有裝置藝術的趣味喔！誠品信義店為台灣最大書店，其 3 樓藝術書區有一大排的室內設計書籍，涵蓋了來自台灣及全世界各地頂尖的生活居家設計、最新時尚單品，更棒的是舒適的桌椅讓你不必委身屈坐地上，要提醒你的是：雖然它不如敦南店的 24 小時全天不打烊，卻從早上 10 點一直營業到午夜 12 點，週五、六更是延長到午夜 2 點，是夜貓子設計師的好去處。

地址：敦南店 台北市敦化南路一段 245 號

信義店 台北市松高路 11 號 3F

電話：敦南店 02-2775-5977、信義店
02-8789-3388 分機 3432

網址：www.eslitebooks.com

漂亮家居設計師不傳的私房秘技風格系列

漂亮家居 500 系列叢書依風格出版：
工業風、北歐風，這樣依風格排序，
也能夠清楚的了解自己對風格的喜
好。

圖片提供_漂亮家居編輯部

⊖ 設計師不傳的私房秘技風格系列
北歐風、工業風等書。

動線與傢具的舒適尺寸

圖片提供 _ 朵卡設計

一般人肩寬約在 45 至 52 公分左右，所以預留一個人直線通過的距離，至少需 60 公分，依這樣尺寸來安排日常活動所需的空間，就是師傅所謂的「尺寸」，而「尺寸」決定住家基本的動線與傢具擺放的位置，是功能考量下平面配置的不得不知道的，建議自己發小包的人，每人隨身帶捲尺：

⊙ 沒有膠帶的時候，捲尺就超好用，拉出預定傢具的尺寸往地上一擺就可以了；放樣不只是做做記號，對於有高度的傢具，特別是椅子、沙發，坐下來和站著看視野完全不同，記得搬張板凳坐看感覺一下。如圖用油漆桶代替差不多坐高的沙發。

I. 動線尺寸：

    A. 走道最好不要小於 70 公分（進出頻繁的玄關主通道最好有兩人可擦身而過的 100 ～ 120 公分）

    B. 側身通過最小距離為 40 至 50 公分，可用於小空間如：餐椅背與牆中間、不對稱床邊走道窄的一側、沙發與前几距離。

    C. 開門櫥櫃的走道距離至少要能開門，櫥櫃單扇門片寬大約為 40 ～ 55 公分。

    D. 馬桶中心點至少需離牆邊 35 ～ 40 公分。

    E. 書桌後至少需 70 公分可供坐位。

圖片提供 _ 朵卡設計

⊙ 開門櫥櫃的走道距離至少要能開門，櫥櫃單扇門片寬大約為 40 ～ 55 公分。

II. 訂製傢具的尺寸更是固定，也符合人體工學：

    A. 衣櫃深約 60 公分。

    B. 餐桌最小的寬度為 72 公分（兩人對坐時、同時夾菜不會撞到頭）。

    C. 書桌深為 50 ～ 80 公分（20 吋螢幕最好是 60 公分）。

    D. 浴缸寬度約 72 公分。

    E. 獨立淋浴間常寬至少需 80 公分。

    F. 洗手台、廚房下櫃高度 84 ～ 88 公分。

圖片提供 _ 朵卡設計

⊙ 廚房上櫃深度 35 公分，下櫃深度 60 公分，洗手台、廚房下櫃高度 84 ～ 88 公分。

G. 廚房下櫃深度 60 公分。

H. 廚房上櫃深度 35 公分。

I. 房間門寬（含門框）最好在 72 ～ 90 公分。

Ⅲ. 抓住訣竅作好空間配置：

A. 餐廳區最好在廚房門附近，若做不到廚房又夠大，可在廚房內設置早餐桌。

B. 走道越少越省空間。

C. 每個房間最好都有對外窗。

D. 使用頻率低的客房可以和使用頻率高的書房、儲藏室併用。

E. 陽台不要全部外推，才有晒衣或放熱水器的空間。

F. 老年人房間應離衛浴較近。

G. 小空間設計廚房放不下，不如就做開放式廚房。

Ⅳ. 現場放樣最精確、模擬生活最真實

了解功能與尺寸後，你可以開始在現場放樣，所謂放樣：就是在工班進場前，用膠帶實際貼在地面、壁面上，方便屋主瞭解整個空間設計與動線的流暢性，你當然可以在上一章教你的平面圖上放樣，但實際放樣，精確、有趣多了，你可以假裝回家後開啟大門、鞋脫哪裡、手機充電在哪裡、與在沙發上的家人打招呼、接者收納買來的食物、雜貨進冰箱、櫃子裏，問問自己這樣的動線順不順；這時候改變動線都還不需要大動土木的重做，只需將膠帶前後挪動就可以了，但很多人都忽略了這點：不是紙上談兵、或是模糊交待，一開始若能更謹慎，將來重做、出錯、甚至動線卡卡都可以避免。

發包時小叮嚀！

1. 設定功能要從全家人的生活習慣出發，動線和格局不只看眼前，最好考慮到將來 6 年會有什麼變化。

2. 決定好隔間和主要傢具位置，可以在地板做記號放樣，走走看順不順。

3. 別把「風格」（裝飾性的東西）做在「功能」上，例如木作的床頭面板或床頭桌，其實買現成的不僅有多樣選擇而且較經濟。

4. 設定風格你可以找出 9 張你喜歡與不喜歡的居家風格圖片。

5. 尋找圖片時應從氛圍、感覺入手，切勿侷限於單項傢具、單一顏色。

6. 家人喜好不同，就各自找出喜歡的圖片，從中尋找共通點，挑出大家都能接受的。

7. 也可以把喜歡的顏色、布料、傢具圖片通通貼在一張大紙板上，反覆看看它們混在一起搭不搭，不搭就換掉，配到你喜歡的組合。

現在你懂得功能與風格的關係後，那麼就可以開始動手做了！

Demolition

拆除

拆除只是敲敲打打的粗工嗎？

小心施工＋保護措施，才能做到完美的拆除！

要節省裝潢費用，不要拆除，比較省錢。因為動到拆除大部分都會連動到：泥作砌磚貼磚、水電重新配管、木作修飾、油漆完成。拆除不貴，但後續的重建工程卻很花錢。

發包
常見疑問

⊕ 拆掉一間房間，使得客餐廳通透一體，感覺更開闊。

Q：拆除是要找哪個工班來施工？

A：少量拆除其實可以發給該項工班做，木作給木工拆、磚牆給泥作拆，但是當量大到一個程度之後，反而是找專業拆除工班比較便宜。當然也可以請兩邊都報價比較看看。

Q：拆除的費用大概如何計算？

A：市場中有關於拆除的報價方式大致上分成兩大種類。一種是按照拆除的數量，好比是要拆的牆壁、磁磚、櫃子、木作造型、鋁窗、衛浴設備等等的數量來計價。另一種是按照人工及車次的數量來計價。大部分住宅屋主，拆除只會數量計價，唯有設計公司等常客比較容易與拆除議到按照人工及車次的數量來計價。

Q：哪些牆能拆？哪些牆不能隨便拆？

A：除了樑、柱之外，還有承重牆和剪力牆，拆了會破壞房屋結構，影響安全。要分辨的話，最容易的方法，便是看牆厚。當牆厚超過 18 公分以上就算是剪力牆了，這種厚度的牆內多是 2 層 3 分或 4 分鋼筋綑綁而成。

Q：拆除前如何保護不拆的部分呢？

A：專業的拆除工班都包含舖保護板服務，把不拆的、怕損傷的牆面或地板，還有像是走道、電梯等公共空間用 pp 板和木板包起來。拆除前的保護工作多是由拆除工班擔任，注意要問清楚報價中的保護範圍和方式。

如何看懂估價單？

工程項目	單位	單價	合計	備註
四吋磚牆	坪	1,800～2,000		
輕石隔間牆 1 坪 2,000～2,200				
RC 牆（12～15 公分）＊一層鋼筋（一般外推牆）	坪	3,500		倒吊 RC 另計
RC 牆（18～20 公分）＊兩層鋼筋（分戶牆承重牆）	坪	4,000		倒吊 RC 另計
八吋磚牆	坪	3,400		
一般地面見底（5 公分）厚 1 坪 900（大理石、拋光地面 1 坪 1,200）				
陽台外牆壁面磁磚去皮 700＊壁面打見底 900 ＝	坪	700～900		
浴室壁地磁磚打除見底含設備拆除（1 坪大）	間	10,000		
廚房壁地磁磚打除見底（不含廚具）（1.5 坪大）	間	12,000		
平面天花板 1 坪 600＊（複雜造型天花板 1 坪 700）				一般樓層高度 3 米內
平鋪木地板含底板 1 坪 700＊超耐磨 1 坪 500＊（架高木地板 1 坪 800）（含釘子磨除）				
木隔間 1 坪 800＊（輕隔間＋隔音棉 1 坪 1,000）				
壁面包版	坪	400		
衣櫥、木作櫃體、廚具上下櫃（2～3 米長）	式	3,000～4,000		其他櫃體依大小另計
一般地毯 1 坪 300＊（底部有加橡膠皮地毯 1 坪 500）				
水刀切割 12～15 公分厚 1 米 1,200＊18～20 公分厚 1 米 1,500＊24 公分厚 1 米 1,800				不含打除費用
塑膠地板及壁紙須看現場幾層而定（1 坪 300～500）				
＊＊大面玻璃鋁窗及外牆鐵窗拆除估價須看現場危險程度而定＊＊				
＊＊基本工資 1 大 1 小工含垃圾車 8,500～9,000＊＊				
＊＊＊＊（以上單價為電梯大樓及公寓 2 樓價格）1 樓另計＊（下列為公寓 2 樓以上之樓層人工搬運價格）				
＊＊（人工搬運 ＊＊2 樓以上打除的部分每樓每坪 +300）				
＊＊（人工搬運 ＊＊2 樓以上 ＊＊ 浴室廚房打除部分每樓每間 +500）				
＊＊（人工搬運 ＊＊2 樓以上 ＊＊ 衣櫥、木作櫃體、廚具上下櫃（2～3 米長）每樓每式 +300）				
＊＊（人工搬運 ＊＊2 樓以上拆除天花板、木地板、木隔間、壁面包版、地毯等……部分每樓每坪 +100）				
＊＊一般垃圾車 1 車 3,500～4,000 ＊＊（如加地毯則看數量而定或整車地毯則以重量計價）				

● **去皮** 就是去掉泥作牆上面一層的意思，例如浴室或廚房改變風格，打掉原有舊磁磚，重新貼磁磚。但要注意的是如果有壁癌問題、水灰比過低或者地壁沙化，那麼即使去皮，未來的泥作也很難操作，這時候就必須見底。

● **見底** 見底是地壁打到見磚，如紅磚、混凝土層，方便未來重新水泥粉刷。常施作在房子有壁癌處，或者水泥面凸起誇張處。

● **打毛** 多為泥作無磁磚牆，原油漆牆面，將來想改成欲室或廚房，為方便貼磁磚，不用見底或去皮，在牆的表面上僅做均勻的點狀的拆除處理，方便未來泥作增加磁磚與牆壁的接著力。

⊙ 打毛。

圖片提供_朵卡設計

拆除是細緻的暴力

1. 少量拆除發小包，大量拆除找統包：少量拆除，木工、水泥工很多人都會，木作可以找木工拆除、泥作可以找泥作拆除，發包給該工項的師傅包拆包做，如此不用再被賺一手，可以省較多。但拆除工程量若多，可以找專門拆除統包處理，不僅可以省費用，也可以減少工資高的木工、泥工，拆乾淨以後，後來的木作、泥作師傅因為看得更清楚估價也會較精確。

2. 發包前考考師傅施工措施：除非是整間啥都不要，否則拆除雖是暴力行事，也是細緻的暴力，發包前要詳細詢問師傅對於不拆的部分或者牆面會做哪些保護措施，例如：把浴室的衛浴設備拆起前，需要先塞住出水孔和排水管，避免異物掉入 導致後來水管不通。木作拆除時，動作不能太大，也不能硬把鐵釘敲出來，而是用電動起子旋出或是打磨工具磨平，盡量不傷到牆面。好的拆除可以將破壞的程度減到最少，細膩處理細部才不會拆過了頭又要花錢再修補。

3. 拆除前鋪保護板、大樓梯廳保護：拆除前樓梯電梯及大廳，還有房屋室內地板都要鋪保護板，保護板大部分材質是 PP 中空板，用來保護地板、廚房、門、傢具。拋光地板及木地板建議鋪 3 層：防潮布為底層、中間為瓦楞板、最上層為夾板、夾板也分大陸板的 1 分或 2 分，價差將近 1 倍。鋪板前一定要先將地板粉屑徹底清掃乾淨，否則保護板下的粉塵很容易刮傷拋光石英磚。

施工流程

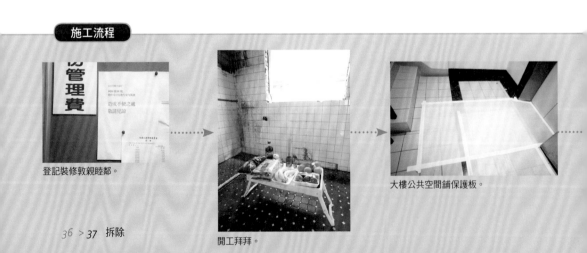

登記裝修敦親睦鄰。

開工拜拜。

大樓公共空間鋪保護板。

4. 開工前請敦親睦鄰：無論你是委託設計師亦或自行雇工裝修，開工前敦親睦鄰的工作可千萬少不得。裝潢工程，尤其是拆除，大量製造噪音和運送垃圾時汙染公共空間，實在是惹人嫌。開工前，若能挨家挨戶送小禮物、打招呼，並說明工程的預定流程、可能的影響，施作的範圍等事項，會讓工程更順利。

5. 拆除安全、防護要做好：瓦斯管源頭要先關閉，窗戶、開口處、樓梯扶手或人、物容易墜落處，要拉起警戒線，現場更需要準備滅火器，當然防止拆除時造成人員感電或者電線走火意外的斷電危機處理也需知道，以上拆除現場安全的留意很重要。未來連接工班的防護也要做好：廁所、陽台的排水管應先塞好、牆中或地面的暗管管線都要先做好保護，不能讓拆除時異物掉入以免未來施工時造成堵塞。

圖片提供 _ 朵卡設計

⊙ 浴室的衛浴設備拆起前，需要先塞住出水孔和排水管，避免異物掉入 導致後來水管不通。

圖片提供 _ 朵卡設計

⊙ 拆除施工前必須保護冷氣，以免粉塵進入，造成機體損壞。

開始拆除囉！

拆除牆時埋在牆內的管線也須注意，再由水電處理。

拆除完成後通透的客餐廳空間。

拆除一房
換來開闊美式居家

攝影＿葉勇宏

本來黃先生與黃太太認為在屋齡不高及時間壓力的情況下，以輕裝修便能搞定，卻因為沒有地方放餐桌，而得打掉一個房間，相較為此而躊躇的黃太太，看來靦腆內向的黃先生，反而支持這個決定，「我們家人口少，用不到那麼多房間，打通的話，空間比較完整，感覺也比較舒服。」說起話來有些靦腆的黃先生肯定中有點猶豫。

「雖然拆除不貴，可是拆除後磁磚地板就毀了，恢復與重建較費工又花錢喔！」邱柏洲提醒說。

「本來就因為屋齡不高，不想動浴室、廚房，就把省下的錢拿來做地板、擴大餐廳好了！」最後黃先生很堅決的支持這個決定。甚至還豪邁地說：「如果以後房間不夠用，就努力點再換一間囉！」

這個大膽的決定，將帶來寬敞的空間和超好用、可以容得下 8 人的大餐桌，用餐不僅舒適，還可以兼作為陪小孩一起閱讀、畫圖的大書桌，這樣的願景讓對於變動格局較為保守的黃太太也改變了態度。

「那麼，工程的第一步就是拆除！包括客廳後房間隔牆打掉、部分磁磚敲掉。」邱柏洲說。

拆除不貴，重建卻很花錢

抱著期待的心情，再次來到久違的黃家，一進門，除

Home Data

屋主：黃先生＆黃太太

黃先生是工程師；而黃太太是小學老師，還有一位 4 歲小女孩，黃太太自己發包，工程進行中，肚子裡還期待一位新生命，還好有專業監工幫忙。

所在地：桃園縣桃園市

屋齡：5、6 年屋

坪數：34 坪

格局：
四房改三房二廳二衛

家庭成員：2 大 2 小

尋找小包時間：
2011 年 6 ～ 7 月中

正式裝修時間：
2011 年 8 月～ 9 月中

拆除費用：
拆除四吋磚牆 4 坪是
NT.7,200 元，但是後續重
建約 NT.51,000 元。

了男女主人殷勤招待外 也驚訝於出乎意料的開闊感。

「我們喜歡美式帶點鄉村風,但因為原本空間不大,難表現美式風格的大方、大器,再加上餐桌沒地方放,索性就把一個房間打掉,形成沙發後是餐桌的無隔屏設計,坐在餐桌一眼望去沒有死角,讓照顧小孩、家人互動都更方便。」黃太太一邊幫我們倒茶,一邊滿意的說著。的確,坐在餐桌,黃太太才四歲的小女兒毫不怕生、自由自在客廳穿梭、玩耍,我們都看得到,即使大人在餐桌上打電腦、包水餃,小孩也在眼線之內。

「另外一個好處是,以前吃飯為了看精彩的體育節目,會端著飯到客廳看電視邊吃飯,但現在不用了,坐在餐桌上就一目了然。」喜歡體育節目的黃先生也很開心,拆除牆面後帶來的方便。

「而且拆除後,餐桌旁可以放得下大面積書櫃,我的教具、小孩成長過程中大量閱讀的書籍都有地方放,更棒的是:用完餐收拾餐桌後,餐桌馬上變身閱讀桌、餐廳變成圖書館,陪小孩讀書更方便。」的確,現在通透的客廳與餐廳,水晶垂吊燈具產生了超過實際面積的氣度,當然餐桌後充滿人文氣息的整面書牆,是身為老師的黃太太最重要收納。

「其實拆除花費不多,四吋磚牆 1 坪 NT.1,800元,4 坪是 NT.7,200 元,但是後續還有泥作粉光NT.3,000 元,原來的瓷磚地板也因為拆除隔間牆連帶毀壞而不能用,於是就鋪了富美家印象大地系列的托斯卡尼花色的超耐磨地板,一坪 NT.3,200 元,客餐廳加玄關就要 15 坪 NT.48,000 元!拆除後的重建是拆除的七倍價錢呢!拆除不貴但重建卻得花大錢!」黃先生接著說。

⊖ 拆除原先客廳後的隔牆帶來寬敞的空間和超好用大餐桌。

攝影＿葉勇宏

攝影＿葉勇宏

⊖ 客餐廳打通的空間，若要以電視─沙發─餐桌─餐具櫃一直線的配置，除了考量傢俱尺寸、電視和沙發的最適觀賞距離之外，還必須考慮入坐用餐時餐椅可向後拉（75～90cm 或是一人可以走過的空間）含椅深 120cm，因此要實現這種配置，客餐廳縱深最少要 5.5M。

輕美式鄉村風的魅力

「但鋪了這塊地板，淺灰中帶微紫色、有節有形的櫻桃木紋，非常適合鄉村風又不會太深色，搭上白色傢具更具輕美式魅力，尤其小孩跌倒也不會摔得那麼重。」看多小孩的國小老師的黃太太管教孩子，沒有新手媽媽的慌張生澀，溫和堅定的態度卻暗藏體貼家人的溫柔。

認為鄉村或古典風格一定要深色、繁瑣的人，看了這個房子後一定會大為改觀，原來鄉村風也可以很輕盈、很簡潔，很清爽一點都沒有古典風格的沉重感。

「我們之前去看過裝潢好的同事家，都不喜歡深色的、木作很多的歐美古典或太瑣碎的鄉村風格的空間，總覺得裝飾性太重，花俏繁複，看久了容易產生美感疲勞，帶點歷史感的淺色線板傢具所營造的輕鄉村的美式風格就是我們要的！」黃太太說。

不用昂貴的木作，兩人精選的鄉村風活動傢具扮演了決定風格的關鍵角色，幸運收到 IKEA 賣場最後一套 LIATORP 系列書櫃和電視櫃，尺寸剛好地如同訂做，收納空間選擇系統櫃搭配 IKEA pax

攝影_葉勇宏

⊕ IKEA LIATORP 系列書櫃和電視櫃，可以單座使用，多座使用時線板還可完美銜接，靈活度高；這三座書櫃連接正好吻合餐廳牆面的寬度，就像是訂做的一樣。

攝影_葉勇宏

⊕ 家就是父女倆的童話城堡。

攝影_葉勇宏

圖片提供_朵卡設計

⊖ 還未拆除前的隔間。

⊕ 特選的白色鄉村風沙發茶几及邊桌，完美呼應電視櫃的風格。

birkland 線板風格門片，透過白紗窗簾的陽光讓室內有了溫柔的色調，擺上珍藏的洋瓷茶具，客廳是人人稱羨的公主風下午茶場地，在孩子的歡笑聲中，讓人重新認識鄉村風住家純真安詳的魅力。

好工程來自好工班

難得的是這樣不算簡單的工程中，屋主沒特別覺得有什麼美中不足的地方，連監工設計師都讚不絕口的優良的施工品質，不禁讓人想知道夫妻倆是怎麼挑選工班的？出乎意料的，除了設計師介紹的工班，還有半數的工班是來自親友介紹。雖然有工班是親戚或長輩，但黃太太並沒有遇到什麼溝通問題，「是有某些部分親戚會做，但如果使用過的親友評價不佳，我們也不會就這樣發包，雖然有些不好意思，還是會另外找。」

至於完全沒有親友能介紹的工班，還有另一個特別的方向：「我們有工班是佛光山的師兄，工作態度讓人很放心。」黃太太笑著說。原來「宗教路線」也是不錯的選擇呢！

☑ 預售屋先客變免拆除

預售屋可在客戶變更期間，依照需求更改隔間、地板材質、磁磚樣式、甚至水電位置。未來交屋要裝潢時，就不必再去敲敲打打，修改隔間、水電管線。但請注意，客變時的規劃安排，最好能確定，免得將來交屋時又再東改西改，當然也要小心核對工程加減帳的數量、單價。

☑ 新成屋集工拆除較省錢

裝修預算有限的話，建議盡量不要拆除，例如：修改隔間、打掉原有地磚、修改磁磚樣式，這些不僅動到拆除，也會動用到泥作，可以的話，就依照現有狀況做規劃，能不改隔間、地壁磚就不要改，這是最基本的省錢裝修概念。真的需要修改隔間，最好做好完整規劃，避免重複施工，不要修改完之後，覺得不理想再打掉重做。還有一個重點，最好能「集工」將各工種的工作一次做完，不要拆完一間浴室、貼好磁磚後，再來拆廚房、改管線、貼磁磚，這樣搬運次數及費用增加。

☑ 中古屋拆除預算不可少

中古屋免不了壁癌、漏水鋁門窗、破舊磁磚的更新而動到拆除，這樣以安全考量的基礎工程，有需要就一定要做，省不得，所以購買中古屋時，記得要把管線、鋁窗、磁磚更新的費用納入裝修預算。

圖片提供_朵卡設計

☑ 減少工時就能省錢

拆除工程其實就是處於滿天灰塵的環境中出賣勞力的工作，但是要拆得好也是要有技巧的，厲害的估價工頭會先觀察一下現場需要拆除的東西種類，規劃一下順序與動線、與需要的工具，拆除主要的費用就是人工與垃圾車，垃圾車一車 NT.3,500～

⊙ 老屋會因為現實情況，必須解決壁癌、漏水、蟲害和老舊管線問題而不得不拆。

4,000 元，但工班其實還得付營建廢棄物處理場一車 NT.2,500～3,000 元，一趟大概只賺屋主 NT.1,000 元。

一般來說整間房屋拆下來的東西需要多少垃圾車次載運是固定的，所以可以省下的其實就是工錢：大工一天 NT.2,800～3,000 元，需要能操作打石機（鴨頭仔），小工一天 NT.1,600～1,800 元負責清運及搬運，如何用最快的速度拆完並且打包起來裝袋，就是省錢的關鍵。

☑ 清潔修繕取代拆除才能省錢

舊的不一定壞，有時候只是髒，髒需要清潔，若真壞了，也可以修或部分更改，不一定要全拆換新的。舊廚具、舊櫃體若仍堪用只是風格不符，想改變風格，其實只要更換櫃體門片；若是木作櫃，也可以修理。甚至黑鐵鐵窗若無斷裂都可以再上漆保護，不一定要全拆換新。記住一句話：「拆不貴，但重建卻花錢！」

圖片提供 _ 朵卡設計

☺ 拆除工人的工資佔拆除費用很大的比例，因此如何省人工是省錢的關鍵。

---

before

圖片提供 _ 朵卡設計

☺ 此房子的大門裝修前與屋主喜歡的風格不符，但屋主重新上漆後不但煥然一新，更可省下大筆拆除與更換大門裝修費。

圖片提供 _ 朵卡設計

剪力牆不能拆

　　一般房屋結構可分為承力的樑、柱、樓板、樓梯、外牆及大部分不承力的內部隔間牆。裝潢拆除常見為拆除不承力的隔間牆；屬於承力結構的樑、柱、樓板、樓梯以及隔間剪力牆及承重牆不可隨意拆除更動，須經結構技師鑑定並向主管機關申請；拆除到承力結構時最好先諮詢專業人士。

圖片提供 _ 朵卡設計

☺ 一般隔間牆只會有一塊磚的厚度。

圖片提供 _ 朵卡設計

☺ 浴室磁磚拆除換新也是常見的拆除項目。

圖片提供 _ 朵卡設計

☺ 剪力牆時常較厚，且與樑或柱相接。

　　剪力牆（Shear Wall）又叫「耐震壁」，剪力牆屬於結構體的一部分，剪力牆最主要的優點就是增加建築對水平剪力的承載能力，使得整個建築在橫向上更有韌性，以抵抗對建築結構橫向毀壞的地震；剪力牆的勁度很大，可以承擔建築物的水平力及垂直力，是很好的抵抗地震的結構設計，因此不能隨意拆除。通常大部分台灣的建物，會把剪力牆設計在外牆以及電梯間。

　　一般最容易辨認的方法，便是看牆厚。當牆厚超過 18 公分以上就算是剪力牆了，這種厚度的牆內多是 2 層 3 分或 4 分鋼筋綑綁而成。打掉承力樑柱會造成建物的結構倒塌，而打掉剪力牆則會造成建物的抗震力減弱，萬萬不可拆除。

拆除工程發包小叮嚀

1. 拆除前要想清楚，是全部換新、還是局部更換就好呢？

2. 擴大空間或磁磚去皮改變風格到底值不值得？

3. 工程若小，可以找相關工班統包，工程若大，可以找專業拆除工班。

4. 仔細看懂、核對拆除價目表。

5. 拆除開工前別忘了敦親睦鄰。

6. 住宅大樓電梯及大廳保護要做得確實。

7. 拆除當天安全防護要做好，防止人員墜落。

8. 該斷水斷電的地方請事先做好。

9. 排水管應先塞好、牆中或地面的暗管管線都要先做好保護，以免除時異物掉入造成堵塞。

☺ 看得出這是老公寓常見的紅色鐵門嗎？重新噴漆之後看起來充滿時尚的新中式風格。因此舊裝潢能用就保留，真的有需要時才拆除。

圖片提供 _ 朵卡設計

水電工程看不見，可以隨便就好嗎？

跳電漏水的魔鬼藏在細節中！

「水」指的是冷、熱水管的配置、排水管、糞管以及衛浴配件組裝等；「電」指的是強電：舊電線換新、電容量的分配、基礎燈具及暖風機的裝設；弱電：有線電視、電話、網路、防盜保全、門禁管制、監視錄影等等相關設備。

發包
常見疑問

Q：怎麼知道房屋要不要換管線呢？

A：屋齡超過 25 年以上的房子，管線老化最好進行全面更換。但有時屋齡只有 12、13 年就很難讓人判斷該不該換，這時有幾項指標：電線上印的出廠時間，包覆電線的絕緣體是否劣化、碎裂，電箱內開關是否有交會點因過載而融化焦黑，以及是否常有跳電的情況。水的部分管路壽命可以比電線長，可達 20 年。舊屋換管優先換熱水管，早期熱水管都用鐵管，10 年前雖然已經用不鏽鋼管，但零件還是會生鏽的鑄鐵。

Q：如何決定電的位置呢？

A：基本上電與弱電的位置取決於傢具配置，例如客廳沙發旁要有電話線與檯燈的插座孔、沙發對面需保留電視線路，臥房只要決定床頭的方向，在床頭的中間位子再留插座與電話線。而電燈開關則配合動線和生活習慣，例如大門旁邊設客廳燈開關、床頭旁邊加裝臥室燈開關都會方便很多。最後記得將開關和插座位置畫在牆上，實地走一遍看看順手與否，確定無誤再施工。

Q：廚衛的排水孔一直發出臭味，要怎麼改善？

A：發出排水孔發出臭味的理由通常有兩個，一是排錯水管，二是沒做存水彎。
家庭排水有三個系統：汙水系統進入化糞池或衛生下水道、雜排水系統進入衛生下水道、雨水系統（陽台露台等室外空間）直接進到雨水下水道。最常發生的是在外推露台或陽台設置廚房或浴室，直接接用雨水管排沒有經過處理的家庭汙水，容易造成阻塞和異味。
存水彎是做成一個「水封」，能有效阻絕氣味和爬蟲。一般廚房流理台和浴室洗臉台都可以用水管彎折做成，而地板若是沒有做或是重拉管線但地板高度不夠，可以裝具存水（碗狀存水）功能的落水頭，如果不常用擔心存水乾涸，則可以考慮市面上各種有蓋式除臭防蟲落水頭。

如何看懂圖面？

因傢具配置後才產生插座的位置，故需自行丈量圖面上的傢具是否為未來會擺在圖面上的位置與尺寸是否適合。

很多水電工班出圖需另外付費。圖面上會註明各種開關或插座的位置圖示。

圖片提供 _ 朵卡設計

Ⓣⓥ 新增電視出線口
⑪ 新增一般電源插座
Ⓣ 新增電話出線口
ⓒ 新增網路出線口

如何看懂估價單？

項目	名 稱 及 規 格	單位	數量	單價	總價	備註
1	原設備開關箱整修、配線	式	1	7,500	7,500	
2	客廳電視櫃新增第四台（改暗線）	式	1	2,000	2,000	
3	客廳電視櫃新增網路	式	1	1,500	1,500	
4	主臥室開關移位（床頭處）	式	1	1,500	1,500	
5	女孩房電話移位	式	1	1,000	1,000	
6	男孩房拆除後線路重整（開關.插座）	式	1	2,500	2,500	線路重整
7	廚房背牆加插座	式	1	1,500	1,500	
8	廚房新增洗碗機電源線路	回	1	2,800	2,800	
9	主臥室冷氣電源改埋入	式	1	1,000	1,000	
10	陽台水槽及水管管路（明管配置）	式	1	4,000	4,000	
11	浴室拆除地板落水頭安裝（防臭型）	式	1	1,200	1,200	
12	主浴給、排水管更改	式	1	12,000	12,000	配合衛浴
13	主浴浴室新增暖風機					
13-1	阿拉斯加三合一暖風機	台	1	11,500	11,500	陶瓷加熱
13-2	新設暖風機迴路	迴	1	3,000	3,000	型號 :968SR-1
13-3	開關箱增設漏電斷路器	只	1	1,100	1,100	無線控制器
13-4	暖風機安裝	式	1	1,500	1,500	不含天花板開孔
	小計				55,600	

1. 報價單為連工帶料，不含燈具及安裝、衛浴五金及安裝。

2. 上列項目為施工範圍，未述及之項目則列入追加工程。

3. 本工程報價數量以圖面設計圖為準，若有其它需求，則列入追加工程。

4. 本工程報價不含電氣、給水、排水、電信、消防之圖面送審及申報竣工，規費，線補費等。

5. 本工程完工後請款 100% 現金，保固 1 年。

有證照又資歷深的工班很重要

1. 找鄰近的工班：在住家附近的水電工班，不論估價、施工、保固等，因為近所以很方便；還可以觀察他的店面開了多久、甚至詢問附近的鄰居他的口碑如何，如果作品都在附近，要求參觀過去成品應該也不是難事，最重要的是「相堵會到」（台語）：維護、保固都較有保障。

⊖ 合格的電線必須標示尺寸、製造日期及檢驗合格標章。

2. 水電師傅必須要有證照：選擇一個好的水電工班是最重要的一件事，因為關係到居家安全，必須是有甲種或乙種水電匠證照的師傅。好工班除了技術之外，還要為屋主考量將來的實用性，這點在插座開關的規劃和溝通安排中就可以看得出來；而負責任的工班除了施工時會維持現場的整潔，也應提供至少一年時間的保固；另外材料部分必須使用通過國家檢驗合格的產品，請師傅報價時提供電線、開關、斷路器等材料的廠牌供查詢，或是現場去看看材料上有沒有「商品安全標章」或「正字標記（CNS）」。

台正字第0001號
正字標記

圖片提供 _ 朵卡設計
⊖ 商品安全標章

3. 總電量要配足：因應現在家電用品日趨多樣化，相對的用電量也大為增加，總電量分配一定要配足，否則很可能在使用多項電器時，就會產生跳電的情形。一般老公寓可能總電流量只有 30A，可能連 220V 的電源都沒有，就要向電力公司申請提高配電量和新增 220V 電源（更換成單相三線電錶），提升至少到50A。

⊖ 兩種電錶，圓的是現在的單相三線，包含110V 和 220V 電源，方的是單相二線，許多老舊公寓的還可見這種電錶，只有 110V 電源，已經不符合現在居家需求。

4. 檢視電箱：將電箱徹底檢查一番，電線、開關和所有接點是否有燒融、雜亂、接觸不良、鎖點不確實、絕緣層老化、灰塵過重接觸不良等問題，電線和開關

是否足以承載電量也是檢視的重點。舊電箱應該將所有開關換成無熔絲開關，較為安全。

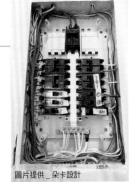

圖片提供 _ 朵卡設計

⊙ 安裝無熔絲開關的電箱。

5. 檢查是否會跳電及單一迴路配電問題

跳電就像咳嗽一樣，可能是大病徵兆。如果有跳電的情形，表示某單一迴路電量負荷過大，尤其是早期的電器與現在大不相同，因此在使用微波爐、電磁爐、烘衣機等用電量較高的電器時，最容易有跳電的情形發生。跳電除了電流量超過無熔絲開關的負荷而跳開以外，另一個更危險的原因則是在電線，由於電線過載產生高熱，溶化絕緣層，或是因電線過於老舊絕緣層脆裂造成短路而跳電，因此發生跳電，很可能是因為管路裡的電線已經出問題了，應該要重新更換。

6. 所有線路均需配管，強電弱電要分開：所有線路不只要配線、更要配管，不論強電弱電，這樣才能避免老鼠或其它震動破壞電線，而日後重新抽換或加線時，也有管路可尋。弱電為了避免電波的干擾影響訊號，和強電管要盡量分開，或者採用抗擾電線。在牆壁中，電線是走在至少 4 分粗的 PVC 硬管裡面，硬管連接室內各開關和插座，更換電線時並不更換硬管，除非不夠用才會補管，只抽換、增拉管中的電線。一般四分管內會走三到四條電線，但實務上可能超過。

7. 電燈和插座迴路一定要分開：電燈和插座不可用同一個迴路，因為電器和電燈時常同時使用，這樣很容易過載，造成危險。電箱裡一個開關就是一個迴路，觀察電箱可以知道家中電線迴路是什麼樣子，一般情況如下：

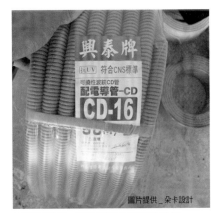

圖片提供 _ 朵卡設計

⊙ 配線用軟管，通常都用在走天花板的線路。

● 燈：一般是一迴，大坪數或是透天厝才可能需要二迴。

● 插座：按照功能區域劃分，以三房兩廳的格局為例：房間二迴，浴室一迴，電器多的廚房一迴，陽台若靠進廚房者常和廚房共用，否則就是單獨一迴。

● 冷氣：冷氣用的是 220V 的電源，一房一迴，一台冷氣室外機就需要一個迴路。

8. 遇水處一定要加裝漏電斷路器：好萊塢電影裡常有這種橋段：打開電源的吹風機放進裝了水的浴缸裡，倒霉的主人一腳踩進去就被電得一命嗚呼。其實只要裝漏電斷路器，這項裝置可以在遇水一瞬間馬上斷電，就可以避免如此戲劇化的慘劇發生。電工法規《屋內線路裝置規則》有明文規定和水有關的裝置還有室外電路都必須裝漏電斷路器，住宅來說至少浴室、廚房、陽台等地方都該裝。一個同時有避免過載和短路功能的漏電斷路器，2P（雙極）的價格約為 NT.600 元，比一個一般的無熔絲開關貴，且必須要單獨迴路，因此有些師傅嫌麻煩就不裝了，也常發生在屋主殺價殺過頭，工班乾脆就在這邊壓低成本，這是攸關生命安全的東西，一定要注意。

9. 要求安裝接地線：接地線的功能是預防感電，對電器比較好，可要求接裝。全室的接地線由插座透過電箱接到大樓專用地線，較舊的建築電箱沒有專用地線可接，則是焊在鋼筋上。

10. 插座離地 30cm 最好用：插座除了浴室、廚房和電視離地約 90 ～ 100cm，其他插座位置離地 30cm 即可。不要將插座設置與傢具等高，不會比較好用，而

施工流程

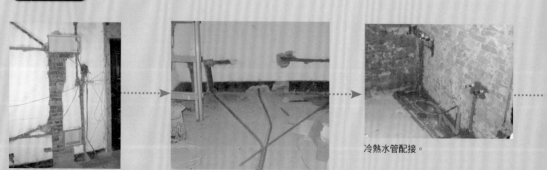

電箱全面更換，上方為強電箱、新設下方弱電箱。

在牆面及地面切溝，埋設 PVC 硬管。

冷熱水管配接。

且難藏線，一但傢具想要更換或改位反而會造成困擾。例如床後面的插座通常給床頭燈和音響使用，並不常拔插，就不用牽到床邊。

11. 檢查木工、系統工班牽的線： 插座裝設在木作櫃或系統櫃上，通常都是由木工或系統櫃組裝工班，由鄰近的插座拉過去。由於不是專業的水電師傅，線都是拉得到就好，常常不包軟管或隨便纏線，造成電阻大而過熱。水電師傅最後來收尾蓋插座蓋時，可以請他們整理檢查櫃子內的電線。

12. 電箱注意線路接點必須鎖好： 在電箱內的接點，包含銅排、無熔絲開關、端子及銅線，都是用螺絲來做結合，用戶往往在新設或局部維修後就不會在開啟電箱或檢查，但電線走火有許多都是這些鎖點。鎖接不良鬆動而引起接觸不良，接觸面積減少，造成溫升，當溫度超過 70 度以上，PVC 電線的絕緣皮就會因溫度而融化，銅線也會因電器的開關電流流通產生火花將銅線熔蝕變小，此時溫度會高達上百度，造成斷續接觸，最終可能燒毀。

13. 檢查排水管排水狀況： 陽台、浴室、廚房的排水管容易因污垢囤積，而使得排水管的管壁變窄，排水的功能變得很差，每當排水量過多時，還會產生阻塞的現象，因此，需詳細檢查一下各個排水管的排水情形。熱水管比冷水管容易損耗，因此是優先更換的項目；許多老公寓的熱水器就裝在浴室外面，熱水管只要打個洞就可以接近來了，更換起來不會太麻煩。

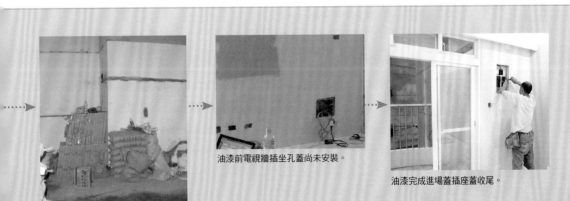

泥作修補打鑿牆面。

油漆前電視牆插坐孔蓋尚未安裝。

油漆完成進場蓋插座蓋收尾。

14. 重拉水管會影響地板：重拉水路管線得在地板切溝，會有傷到地板結構的風險，因此不能挖太深，在這種情況下地板必須墊高或架高，注意可能要調整門片的高度，還有不同區塊的段差，例如浴室重做地板時一定會墊高，如果高過外面的地板且門檻防水沒做好，使用時水很容易溢出來。

15. 排水管的角度和位置：水管最好走直線避免轉彎，轉彎角度越小越好，排水才易順暢；排水位置改變時要注意洩水坡度是否足夠，一般來説至少要 1／100，意即 100 公分長的水管，兩頭至少高度差 1 公分，水管越長則高度差越大，否則容易造成污垢沉積阻塞。

圖片提供＿朵卡設計

☺ 黃家的水管其實是由室外陽台拉進來的

16. 重拉水管需加壓試水：漏水常常因為零件沒有裝好或是少了步驟等錯誤造成，例如水管接頭要上塑膠油避免漏水，不過畢竟人難免出錯，最好確認的確認方式就是測試。接好水管之後，在泥作進場填補做防水前，必須加壓試水至少 24 小時。24 小時內常保管內有水，並且用加壓機增壓至每平方公分 10 公斤的壓力，測試是否管徑和接頭足以承受水壓，沒有漏水的情形才可進行之後的工程。

有的師傅會因為自信或是忘記而沒有試水，一定記得要求。

17. 是否使用天然瓦斯：如果原來是使用天然瓦斯，要注意其管線是否過於老舊；如果是桶裝瓦斯，不妨觀察鄰近住家是否有使用天然瓦斯，如果有，可考慮安裝，即可省下一筆費用。而這些也都需於裝潢初期就要確認的事項，因為這關係到將來冷熱水配置及瓦斯管線的走位方式。

18. 水電工班進場時間：一般建商水、電是分開的，而二次裝修的工程水電都是由同個工班負責。水電工程貫串整個裝修過程，拆除後即進場放樣，用紅漆或鉛筆在現場做記號，再進場打牆切溝，接著拉線，將管線定位，再由泥作或木工用輕隔間、天花板包起來，沒有泥作的情況下由水電自行用水泥沙填補；很多情況下水電拉線時是連牆壁或天花板的支架都沒有的狀態，因此在這個過程中兩個工班必須配合交錯施工，最好在場勘時、開工前就讓雙方協調好。在木工和泥作之後，水電下次進場時就是所謂的收尾了，油漆完成之後裝設開關插座和安裝燈具，以及衛浴設備和廚具安裝水龍頭（這兩者也常由衛浴或廚具廠商負責）。

圖片提供_朵卡設計

☺ 排水管試水不加壓，直接倒水看通暢與否。

圖片提供_朵卡設計

☺ 熱水器裝在窗內就一定得選強制排氣機種。

水電基礎工程做好，
居住品質沒煩惱！

圖片提供｜采卡設計

Home Data

屋主：黃先生＆黃太太

熱愛女神卡卡和收集星巴克杯，超有活力年輕小夫妻，從事營建和室內設計的背景，讓他們信心滿滿的挑戰高齡老公寓。

所在地：台北市松山區

屋齡：34 年

坪數：34 坪

格局：三房二廳

家庭成員：2 大

尋找小包時間：
2010 年 3 月～4 月

正式裝修時間：
2010 年 6 月～9 月

水電裝修費用：NT.135,000
元

　　新婚不久的黃先生和黃太太，考量交通便利、都市計畫、公設比、風水等條件後，終於選中了這間位於市區捷運站附近 34 年頂樓的老公寓，「房子雖然沒有新大樓美美的外觀和看起來很高檔的公共設施，但只有老公寓才會有這麼方正的格局、實實在在的使用坪數、三面採光，而且捷運就在附近！房子實住還是最重要！」黃太太邊說眼光邊飄向黃先生，看來黃太太挑老公和挑房子的標準一樣嚴格。

　　問他們是否對於複雜的老屋改造心生疑慮，他們齊聲說：「沒在怕的啦！」原來兩夫妻都有著營建學歷背景：黃先生任職於營建工程公司、黃太太則曾待過室內設計事務所，簡直是無敵組合，自己畫施工圖找工班來裝修，並且親自監工，工程預算也請熟識的室內設計師朋友把關，決心在預算控制與施工品質上都能做到自己滿意的效果。

分工合作，各司其職

　　首先兩人根據專業分工，先生負責搞定所有從拆除開始到泥作為止的基礎「硬」工程，太太則是接手風格佈置：油漆、燈具、傢具、窗簾等「軟」工程，再來為了精簡預算，他們決定盡量不動隔間，依照現有格局去做變化，原本三房兩廳的格局，剛好規劃為主臥室、小

孩房、書房,考量到希望營造公共空間的開闊感與採光性,牆面僅打掉廚房和客廳間的隔間牆增加採光和開闊感,做成開放式廚房與增設吧台,不僅以空間串聯加強居住者的互動性,也更有效地省下餐廳空間的使用,無形放大了公共空間的開闊感。

然而快40歲的老公寓老態畢露,也著實讓身為專家的他們花了不少工夫做功課:不僅油漆剝落、磁磚破裂、牆壁裂縫,暗藏於內的老舊水電管路更令人擔心,而廚房與廁所的部分牆面原本的壁癌問題,地面牆面不平整的狀況,也必須利用泥作工程一一排除。

管線全重拉,做好基礎工程

黃先生說:「這個房子相當老舊,電力系統和現有的需求不符,解決的方法是要向台電申請提高配電量,同時也申請拆封電錶,以便水電更換負載量較高的管線。更換管線考量的是負電承載力,同時也能確保日後的用電安全。」趁著地板翻新,也將所有管線地下化,省了走明線還得遮。他說:「電線管道10年前換過,但前屋主為了省錢,明管外露,所以我將所有管線全部重拉。」

老舊房子最容易發生漏水情形,也是翻新時最重要的檢視重點,黃宅的在廚房與廁所的牆面都有出現壁癌,在與工班討論過之後,決定先將有問題的牆面打掉,再進行防水工程也是由水電師傅整治,之後將牆面整平。黃先生說:「敲開牆面之後,就發現水管都生鏽了,難怪會漏,趁這個機會全部換掉」。

攝影_Sam

⊙ 老房子獨一無二的外推陽台磁磚和老木門，十分有特色；電箱蓋直接和牆壁漆成同色不用刻意遮掩。

聽起來水電真的很複雜，不是專家的人真的可以自己發包嗎？

「可以啊，就跟你平常家裡有問題找水電差不多，只是要做的比較多而已。」邏輯很強的黃先生，告訴我們其實可以做張表，請水電師傅一個個檢驗需要做些甚麼：「先看中古屋是否到了差不多要更換管線的年限，然後分成水和電兩部分。水先看有無漏水和壁癌，必須要先處理；然後有無因管線老舊影響水質，需要更換；最後是需要移動或新設水管，水工最重要的是一定要試水。」至於攸

圖片提供_朵卡設計

⊙ 有著營建設計相關背景的年輕夫妻，超低預算親手打造自己的家。

關居家安全的電工，黃先生則是建議分成數個步驟：「1.總配電量是否足夠；2.總開關電線插座是否有老舊、跳電的情形；3.有沒有無熔絲開關和漏電斷路器等安全裝置；4.根據需求安排迴路和開關插座位置。」說到這，他突然笑說：「其實就算是我們也不是什麼都會，總不可能都自己拉線吧，最重要的是知道水電師傅都在做什麼，可以和師傅溝通討論，其實沒那麼困難，別忘了要在心裡對自己說『嗯，你可以的啦！』」

圖片提供_朵卡設計

⊙ 面對客廳使用的廚房水槽可以邊洗碗邊和客廳的家人講話互動。

圖片提供_朵卡設計

⊙ 完全沒有木作天花板，還是可以使用垂吊燈具以及吸頂的投射盒燈。

攝影_Sam

⊙ 原本放在工地臨時置物用的桌子，拿來當餐桌居然毫不突兀。

圖片提供_朵卡設計

⊙ 家中人口不多，廚房使用頻率不高，打掉和客廳的隔間牆，做成通透且採光良好的開放式廚房。

☑ 報價單寫越細可能越貴

一般我們認為報價單應該越詳細越好，其實除非是很清楚品牌和單價的零件，工的部分有時很難切割計費，因此當屋主要求越細時，工班因為不知道該如何訂價，通常都會高估。對於不能逐項計價的人工，可以請工班在報價單上備註某個項目包含些什麼，用甚麼方式或工法，雙方都可以很清楚。

☑ 善用延長線不打牆

電器位置如果距離不遠，實在不需要特地打牆重牽將插座拉到特定的位置，延長線就可以解決了，延長線種類很多，選擇有斷路器、保險絲安全裝置或過負荷保護裝置之產品，當然用電量大的電氣（冷暖氣機、烘乾機、微波爐、電磁爐、烤箱、電暖器、電鍋等）不少會註明不可接延長線，或者應避免共用同一組延長線插座。

☑ 管線外露不做天花板

不打算做天花板，管線有兩種處理方式。第一，可以走牆壁裡面或天花板邊緣，再用線板遮蓋，施工前請要安裝管線的水電師傅或冷氣師傅，和負責包覆管線的泥作或木工師傅協調管線走法。不做天花板也有很多燈具選擇，請看燈具篇。第二，完全不遮，請水電師傅將裸露的管線整理成較有整體感，可以搭配風格漆上顏色，看起來很具粗曠的現代感，受到不少商業空間的青睞，如果喜歡 LOFT 風或工業風可以選擇這樣規劃。

攝影＿Yvonne

⊙ 不做天花板，讓水電管線外露可以省去包覆的費用，只要水電將管線整理好，管線還能創造出意想不到的吊掛效果。

☑ 簡單動電線方位

電視換方位可以拉隔壁房間的線比較近，而新房子電視牆和沙發牆管線互通，位置對調完全不是問題。有線電視的線路屬於弱電系統，如果家裡本身就有弱電管線（牆上的電話、網路線出口），直接走弱電管就可了。老屋沒有弱電管，網路可以用電力網路線和無線網路，有線電視就必須走

明線了，覺得明線不好看，裝修的時候可以水平線走天花板或地板，垂直打一點牆埋管，修補不會很麻煩。

☑DIY 更換落水頭

重做浴室和廚房時，落水頭由負責防水貼磚的泥作工班裝上，一般都是裝除臭防蟑落水頭，如果不放心可以確認一下；若無整修地板，想要更換落水頭就得找水電師傅，但其實更換落水頭並不困難，自己來還可以省工錢。落水頭有很多種，最簡單的附有撥片的排水孔蓋，只要直徑相合，只要動一根螺絲就好。

圖片提供 _ 朵卡設計

⊙ 簡易防臭防蟑落水頭，一根螺絲就能更換。

☑ 節能省水

一點巧思，水電也可以改造節能工程。例如預先埋好水管及儲水槽，裝個小馬達就可以將洗衣機的廢水引到沖水馬桶，二次利用不浪費。

☑ 開關相連空間可集中

很多人在走道或玄關設感應燈，一但故障整組燈都不能用，還蠻麻煩的，其實只要開關位置順手就不需要用這種燈。設置電燈開關，大原則是「房間內、浴室外」，相連空間可以部分開關集中設置，面積大可以設雙開，例如門邊一個床邊一個。開關高度通常離地 90 ～ 120cm。

圖片提供 _ 朵卡設計

⊙ 出線盒，作為電線出口的集中點，蓋上蓋子就是開關或插座。出線盒作用是避免電線出口直接接觸泥作受潮損壞，造成電線走火；中古屋若發現生鏽最好更新，浴室等潮濕區域必須使用不銹鋼製的出線盒。

☑ 可以多設 220V 插座

現在我們的生活中，有不少是高耗電量的產品，越來越多家電用 220V 的電壓，例如浴室暖風機、蒸氣烤箱等，有些電器採用 220V 甚至還更省電，有些人甚至將電燈也改成 220V 的，不過燈泡不好買，實用性不高，但可以多留幾個 220V 的插座。220V 插座可以用原來的舊管線改，並不會特別費事。

水電品質與居家安全習習相關

1. 電的小知識

電壓（V）的單位是伏特（V），電流（I）的單位是安培（A），電阻（I）的單位是歐姆（Ω），電功率（P）的單位是瓦特（W）

你可以將電流想像成水流，電流量等於水流量（水流速度），電壓等於水壓，而電阻差不多就是水管的管徑，或是阻擋水流的濾網、阻礙物，總之是可以影響水流量的東西。和水一樣，電流量＊電壓＝單位時間耗電量（功率），也就是：

安培（A）× 伏特（V）= 瓦特（W）

而電器的用電量我們一般用小時計，單位是「瓦時」（W-h），1度電是 1,000 瓦時（1000 W-h 或 KW-h）。

以一個標示 110V、880W 的電鍋為例：電流為 880W ／ 110V=8A

⊙ 電器都會貼有規格標示。

假設使用 2 小時，則用電量為 880W*2h=1760W-h=1.76 度

2. 電線走火是怎麼回事

電線走火是由過載、絕緣體損壞使銅線兩極相接、銅線和接頭損壞或使用不當使得承接電流的面積太小，這三種原因產生高熱使絕緣層起火，電線像引線一般非常快速地燒起來。由於起火並不影響電的流動，因此在短路發生前，斷路器並不會跳起，相當危險。有些人以為跳電是開關的問題，而換成電流承載量較大的開關，或更換高安培，不易燒斷的保險絲，其實是錯誤的，電線承載較開關低時，

電線已經過載但開關還沒，就會造成電線持續過載而產生高熱，因此安裝具有防過載和短路功能的無熔絲開關，額定電流承載量必須和電線相當，或是比電線小，才能產生預防的效果。

⊙ 一般住家用電線，除了電源幹線以外，用直徑 2.0mm 的實心線或截面積 5.5mm 平方的絞線。

3. 電線品牌及尺寸

水電師傅用的電線品牌，一級的有太平洋、華新、麗華等，二級則有宏泰、正亞，價差只有 2% ～ 3%，

居家裝修大多使用一級。電線的外層膠皮會除印有品牌和尺寸之外，還有出廠時間，一般都是一年內，很少超過二年，要是放太久的電線使用壽命相對短。一般住家用電線，除了電源幹線以外，用直徑 2.0mm 的實心線或截面積 5.5mm 平方的絞線，較舊的建築常用 1.6mm 的，可以趁裝修時換線；不同線徑有對應的可承載電流量，太細的線不如粗線安全，電線接頭也必須用相應厚度的接頭，太薄的接頭也會影響安全。

4. 迴路的計算方式

　　粗略地說，一台電器的電流量，大概是電器設備上標明的電功率瓦數 W／電壓伏特數 V，例如大同電鍋 800W、110V，電流量就是 8A（安培），一個迴路通常 20A 或 15A，迴路上的總和電流量不能超過這個數字，而迴路還分為 220V 和 110V 的，將家中所有的電器（包括預定要添購的）和燈具列出來，就可以計算出總共需要多少迴路，但這是太過龐大的工程，何況還有運轉初期和長時間運轉、會不會同時使用和是否開到最大等差異，還是交給可以有經驗又能瞬間算出正確數值的專業水電師傅吧！

5. 機械式開關和 IC 開關

　　電燈開關有兩種，傳統的只能一開一關的機械式開關，和每切換一次就能點亮不同燈（或是不同數目的燈）的 IC 開關。現代人對於燈的變化要求提高，如果用傳統式開關可能要多幾個按鈕，也得多牽線，因此一個只要 NT.100 多元，能讓一個開關分成好幾段的 IC 切換器相當普遍。IC 切換器通常裝在木作天花板裡，如果有使用最好問師傅裝在什麼地方，方便維修。然而 IC 切換器會增加燈泡開關次數，反而較為傷燈，燈泡的耗損會因此變大，因此如果開關部分的空間允許，還是用機械式開關比較好；改成機械式開關，整組開關更換約 NT.300，補一組電燈到開關的線約 NT.600 ～ 1,000 元。

6. 用插座就能建構網路環境：電力線網路

　　老房子沒有弱電管線、無線網路有收訊死角、還有無法接收無線網路的網路電視設備時，有個方式可以不拉明線，就是用家裡連接各插頭的電力線來做為網路線。只要將「電力線網路橋接器（PLC）」插在牆壁上的插座，就可以透過電線來傳遞網路訊號，而不需要拉一堆線還煩惱該怎麼遮。中華電信的 MOD 有租用專案，有用 MOD 的朋友可以考慮體驗一下。

7. 延長線的選購和使用原則

1. 一個迴路會有數個插座，但所有插在上面使用的電器總電流量，不可超過迴路的電流量。假設一個迴路電流上限為 20A，原本有 4 個插頭，你買了個延長線插上去變成 6 個插頭，還是只能用 20A。

2. 延長線或轉接頭上的電器電流量總和不可超過延長線的可承載量。如果一條延長線的可承載電流量為 11A，在上面插一個 8A 和一個 5A 的電器，同時使用時總共 12A，即為過載，延長線會有燒毀的危險。

3. 延長線上的電器電流量總和不可超過壁面插座的可承載量。一般插座安全承受電流為 15A，假設三種電流量各為 8A、5A、5A 的電器同時插在一條延長線使用時，所需的電流 18A 就會超過插座負荷的 15A，插座也會有燒毀危險。

4. 選購延長線，除了注意插頭和插孔座的電流量不可超過家中壁面插座的可承受量，也要注意電線部分是否也有相應的承載能力，例如一條上限為 15A 的延長線，電線部分也該有可承載 15A 電流量的能力，通常線徑至少為 2.0mm 平方，太細的線必須注意承載能力是否不足。

圖片提供＿朵卡設計

☺ 延長線上皆有標示規格，要注意規格是否符合需求。

5. 延長線不可壓在傢具或重物下方，不可放置爐具上方，不可以避免發生損壞產生危險。

6. 使用延長線時，應注意不可將其綑綁；由於電線經綑綁後，熱量很難流通，因此溫度昇高而將塑膠融解，造成銅線短路著火。

7. 使用中之延長線若有發燙或異味產生，此為過負荷現象，應立即停止使用該高電量之電器。

8. 將 2 個插座改成 3 個插座不實用

插座不等於迴路，多做並不會增加可使用的電量，如果沒有規劃好，就只是和延長線一樣。以使用電器最多的廚房為例，如果每個電器都要有一個插孔，可能有一面牆會佈滿好幾個插座，難看也不見得好用，因此必須將預定放置電器的大概位置決定，並且計算固定接著插座（如熱水瓶）的電器數，預留會拔插使用以及未來可能擴充的電器插座；耗電量大的電器（例如烤箱和微波爐）如果可能同時使用的話，插座避免設在同一迴路；插座的規劃頗為複雜，記得把家電使用情況和需求與同水電師傅師傅溝通清楚，並要求師傅必須確實裝設接地線，以免電器漏電造成設備損壞和危險。

圖片提供＿朵卡設計

☺ 馬桶換了一個方向、廁所換位置等，地板都需墊
高 5-10 公分，牽涉到糞管、水管的更動，管線必須
延伸或彎曲，日後容易出現堵塞問題。

9. 勿任意移動廚衛的位置

　　馬桶換了一個方向、廁所換位置、廚房改地方都
牽涉到糞管、水管的更動，管線必須延伸或彎曲，日
後恐出現堵塞問題；而這些相關水位置的大幅更動，
可能會影響上下層甚至整層的垂直管路變動，但是公
寓大樓內大部分都有水電垂直對應的限制，過大的水
位變動是會遭到建商拒絕的，這樣大的水位特殊變動，
最好先仔細探詢建商容許的變動範圍。

10. 水管的材質

　　水管的選擇很單純，冷水管 4 分 PVC 管，熱水管用不鏽鋼管壓接或
車牙，兩種管零件皆為不鏽鋼。若有熱水慢熱的情況，通常是出水口離
熱水器太遠，熱水運送途中消耗不少熱能，解決方式除了盡量縮短熱水
管的距離外，還要在不鏽鋼管外包覆泡棉材質的保溫皮。傳統上認為暗
管較為美觀，而明管維修方便，但現在為了避免管路影響到壁面結構，
以及高維修成本的問題，明管漸成趨勢，新建案也多用明管。

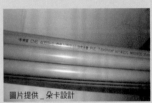

圖片提供＿朵卡設計

☺ PVC 冷水管上也有標示廠牌和規
格。

水電工程發包小叮嚀

1. 水電最重要的是找個專業的好工班。
2. 請鄰居介紹在住家附近、有店面有執照的合格水電師傅來幫你規劃。
3. 粗列使用的電器清單給師傅，檢查是否有跳電情形，來決定供電量是否合乎需求、電
   線狀態是否正常。
4. 漏水、壁癌的分辨和檢查通常這是水電師傅的工作，如果是水管的問題，就由水電師
   傅整治漏水處，再由泥作修補牆面，如果是防水問題，則直接由泥作重新施作。有
   關壁癌處理請看泥作篇（P64）。
5. 換水管別忘了要做加壓試水喔！

管線都拉好了，接下來就可以請泥作進場啦！

動到泥作是不是很花錢呢？

重點工程做得好，
日後才不會更花錢！

泥作台語為「土水」，明白點出就是與土和水相關的工作。一般居家裝修常見的砌磚牆、水泥粉光、貼壁磚、地磚刨掉打底、浴室防水……等等都是屬於它的範圍。一個房屋基礎工程做得好，居家住起來才會舒適，所以一定要請泥作師傅為你家打好底子。

發包＋常見疑問

Q：為什麼我家磁磚會澎拱（空心現象）？

圖片提供＿朵卡設計

⊝ 磁磚澎拱，整排隆起。

A：關於鋪貼磁磚會有空心現象（俗稱澎拱），其實軟底施工或硬底施工都有可能發生，發生的原因多。房子久住後，磁磚和水泥底中間容易因空氣或水份的滲入，產生密合度不足的情形，進而剝落或膨脹變形。通常會發生這種狀況，代表施工時水泥與沙的比例不對、水泥底打得不夠、海菜粉的質或量不足，有時氣體會因溫差的關係導致熱漲冷縮，尤其在冬天氣溫的變化太大冷縮會更嚴重；而連鎖澎拱現象，就是為了美觀所以貼磚幾乎都不留空隙，才會隆起！所以重點就是瓷磚與地面不留空隙，減少氣體殘存，雖然用嘴說很簡單，但在實務上就是需要用心思才能克服的。以下為預防的方式：
1. 水泥砂漿充分拌合。
2. 創造較佳的黏著環境（如地坪清潔、灑水泥漿等）。
3. 貼磚時橡皮槌要敲實。
4. 黏著劑塗於磁磚底面盡量飽滿（硬底）。
幾個重點要注意，因為業界環境不大可能都很照標準流程及工法施作，師傅的素質差異有可能有做但做不確實，都會影響施作結果，但如果有要求或注意的話，便可將澎拱現象發生率降低。

Q：泥作工班哪裡找？

A：泥作工班不像冷氣或水電，很少自己有店面，因此幾乎不可能在住家附近找到，除了找較信任、熟識的其他工班介紹之外，也可以先找磁磚行，有些磁磚行老闆自己就是泥作師傅出身，或是有固定合作的工班。

如何看懂圖面？

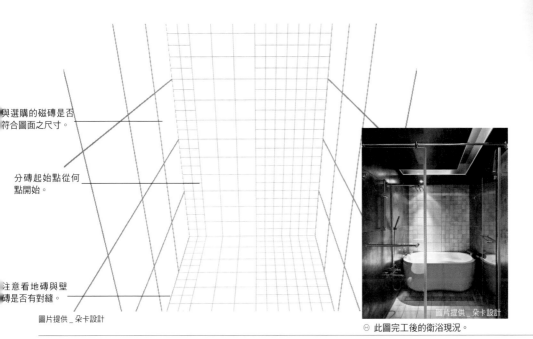

與選購的磁磚是否
符合圖面之尺寸。

分磚起始點從何
點開始。

注意看地磚與壁
磚是否有對縫。

圖片提供 _ 朵卡設計

圖片提供 _ 朵卡設計

⊙ 此圖完工後的衛浴現況。

如何看懂估價單？

工程項目	單位	數量	單價	合計	備註
浴室廚房壁面打底	坪	15.5	1600	24800	
浴室壁面貼磚	坪	6	1800	10800	
客廳浴室廚房地面貼磚	坪	13.3	2000	26600	
浴室防水處理	間	1	5000	5000	
客房打除防水處理	式	1	7000	7000	壁癌處理
浴室南亞塑鋼門組	組	1	3800	3800	
實木門	組	3	5000	15000	
總計				93000	

說明：泥作牆面新立門由泥作工班向外面訂購門框門扇安裝，若是木作立輕隔間牆，則是
由木作安裝。

泥作細節不可不慎！

1. 磁磚的挑選：市面上磁磚產地有歐洲、台灣、東南亞和大陸，品牌眾多，有時光聽廠牌名稱無從得知產地和品質，因此保險的方式就是選擇常聽到的大廠牌，例如冠軍、白馬、三洋等，通常都有相當的水準，用的人多，也好比價。要說甚麼款式型號，就算是泥作師傅，也很難和你說明什麼叫做「好」，頂多就是甚麼施作起來比較順手，好貼或是好切割；一個最直接鑑定的方法是看看送來的磁磚有多少破損，如果運送過程就造成不少缺角或破裂，品質可能不佳。就風格而言，偏灰色的瓷磚較日式、禪風，偏黃色的瓷磚較美式、歐風。

2. 磁磚計劃方便溝通：泥作工班本身雖然不出圖面，但想和泥作工班溝通，有圖絕對很有幫助。有些磁磚行會出磁磚計畫書，將磁磚預定的分布畫出來，可以計算出所需的磚數，留縫的大小等，也能避免貼錯方向；而衛浴公司出的規劃圖包含浴缸和拉門的位置，能給泥作師傅做為安放門檻、砌磚的參考；將圖面貼在現場讓工班按圖施工，出錯機會就會降低。就算沒有圖面，泥作師傅也該在放樣吊線時做好磁磚計畫，問問師傅打算怎麼貼，是否有對縫，留縫多大，確定是不是和你預期有落差。

3. 泥作放樣：拆除工程之後就可以請泥作師傅進場核對現場尺寸和放樣，包括吊線、黏麻糬（基準點）、黏條仔（直角柱角），作為日後包括木作、水電等

施工流程（浴室泥作）

牆壁粗底。

浴室地板打好粗底。

刷底漆貼不織布。

工班施工的基準。舊屋翻修拆除後現場況往往和預期有落差，例如因更換管線而必須墊高地板，就必須注意浴室地板不可高過門外地面。

4. 浴室與鋁窗工程要注意防水：裝修泥作最可能出現漏水問題的地方在浴室和鋁門窗，其實工班只要紮實做好該做的步驟，就不會有問題。浴室防水的關鍵在於最後兩個步驟，一定要試水，以及磁磚洩水坡度要抓好，才能不積水，產生漏水危險。鋁門窗泥作部分是在鋁門窗廠商立好窗框之後：填灌水泥砂、外牆塗彈性水泥；必須注意若鋁窗工班若是用木條填塞固定，一定要請泥作工班記得把木條取出，並且在窗框下緣做出洩水坡。

5. 浴室防水步驟：

● 打底抓洩水坡：拆除後泥作師傅進場放樣，水電牽好管之後就可以進場打粗底了。埋放止水墩，再用水泥砂漿連同止水墩全室打底，注意止水墩一定要比完成的磁磚磚面高才有擋水效果。這個階段必須用押尺做出洩水坡度，最低點應該在排水孔。

● 防水層粉刷：待粗底乾燥後，先刷上防水底漆，然後在地板轉角及排水孔周邊加鋪防水抗裂不織布或抗裂玻璃纖維網，全室再上兩到三層防水塗料，要刷到天花板下緣；一般浴室防水塗料，有的用彈性水泥，也有的是水泥漿加上防水劑或是單獨防水塗料，都必須乾燥後才可刷新一層。

● 防水測試：防水層乾燥後，必須進行防水測試。將排水孔塞起，放水深度至

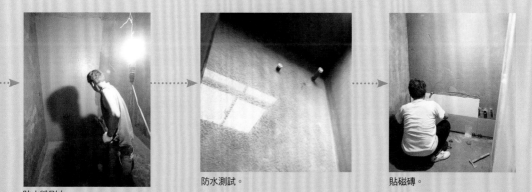

防水粉刷中。　　　　　　　　防水測試。　　　　　　　　貼磁磚。

少 6cm，放置 48 小時，以檢驗防水層，之後修補防水不足處。

● 貼磚：泥作師傅會在貼地磚時安裝落水頭，可要求安裝除臭防蟲的款式。排水孔或糞管管口太高，一定要用鋸子鋸短，不可用槌子敲下去，以免破壞防水層。

6.貼磁磚工法：分為是硬底和軟底，而軟底施工可再細分為三種：乾式、半濕式、濕式。

● **A. 硬底：**適用於壁磚，偶爾使用地磚如馬賽克，有三個步驟：打底，先以水泥砂漿用押尺和木鏝刀抹平；等乾，等待水泥砂漿硬化。貼磚，輔以黏著劑（益膠泥）貼面材（如石材或地磚），注意師傅施工時，牆面和磁磚背面都要用齒狀鏝刀抹益膠泥。

● **B. 軟底：**適用於陽台、浴室地磚施工，有兩個步驟：打底、貼磚，中間不用等，一氣呵成，可再分為三種：乾式、半濕式、濕式：

　I. 乾式：也稱為「鬆底（台語）」工法，用於室外地面工程居多，像是人行道、戶外公共空間花崗石等。作法是以乾拌的水泥砂灑在塗了土膏水的底面，再進行鋪設，較適合大面積的磁磚或石材。

　II. 半濕式：就是所謂的「騷底（台語）」沙魚劍工法，常用於黏貼室內地板磁磚，如花崗石、大理石、拋光石英磚等等，是以半濕的水泥砂鋪在塗了泥膏（益膠泥＋水泥）的底面，整平後貼磚。這種工法考驗師傅的技術，工資較貴，但較為耐用。石材、石英磚會隨著氣候熱脹冷縮，必須留縫，磚與磚之間約 1 ～ 1.5mm，和牆面間 3mm 以上，鋪面越大留縫就必須越大，別認為縫越小越好喔。

圖片提供 _ 朵卡設計

⊕ 拋光石英磚地板騷底施工，可見表面的半濕水泥砂。

　III. 濕式：整平水泥砂漿，灑水

泥粉作為黏著後直接貼上磁磚，用於浴室地磚。由於水泥砂漿乾後縮收下陷而導致不密合，產生空心現象，造成磁磚隆起，也就是膨拱，並不適用室內拋光石英磚或大理石。

7. 關鍵接工要事先協調：泥作有不少和其他工班銜接的地方：鋁門窗填縫、房間木門框（木工）填縫，水電打牆、切溝埋管填補，但不是每個地方泥作師傅都會自動自發、理所當然的填補，例如水電打的溝要是沒有喬好誰補，泥作師傅不見得會覺得是他做；還有鋁門窗外牆塗彈性水泥防水，也不是每個師傅都覺得是標準程序，每個銜接的地方都要確定做法。

8. 驗收牆面粉光、地板是否平直：牆面除非用手摸，否則光看是很難感覺出哪邊不平，特別是漆白的牆面根本看不出來，很難驗收，除非漆上深色、貼壁紙才會明顯；如果要求牆面平整，最好的方式其實是泥作打底但不粉光，油漆直接批土。地板如果不是讓眼可見的瑕疵，要檢驗水平與否更困難，除了拿個乒乓球在室內滾之外，大概只有雷射儀器驗屋。其實如果不是可以直接感覺到落差，並不會影響生活，要不要那麼大費周章測水平就看個人了。

圖片提供＿朵卡設計

⊙ 浴室貼地磚前置作業，此時必須埋放淋浴間人造石門檻，和用押尺刮出洩水坡。

9. 粉光材質的選擇：

● A. 舊工法：使用細孔鐵絲網篩選，細沙與水泥粉的比例為 1：1，加水攪拌均勻，作為粉光面材。而黑沙來源取得於建案地下室的開挖泥土，經水洗篩選販售至市場。由於黑沙含泥土量過高，粉光乾燥後產生小裂縫如蜘蛛網（台語稱之為「雞爪痕」），油漆批土反覆修補，造成日後困擾。

● B. 新工法：乾拌水泥沙（益鏝泥）為選用無污染之等級，配骨材、水泥及化學添加劑調配施作後，更為平整漂亮又不產生裂縫。

好的泥作工程讓家更美麗

圖片提供／奈卡設計

這對年輕夫婦剛買下這間 34 年的中古屋時壓根兒沒想過什麼「設計」，當初只是打定主意「能住就好」。他們甚至不同於買房後先裝修再入住，兩人反過來先住進來熟悉這個空間，才知道怎麼改動最合適，這樣才能用最經濟的方式打造理想的家。

曾任設計公司的黃太太表示：「在公司做過的案子全部都是『砍掉重練』才談得上風格設計，問題是我們根本沒那個本錢啊，所以不管三七廿十一，像別人豪宅一樣，先鋪上仿大理石紋路拋光石英磚再說！」的確拋光石英磚它比大理石硬，又有磁磚的耐磨特性、還可以做到大片且無接縫，加上是人造的所以幾乎沒有色差，更不像大理石那麼昂貴，有大理石的感覺卻沒有大理石難保養的困擾，難怪會受到國人與建商的青睞。

地磚施作完成要防護

工程背景的黃先生，特別對拋光石英磚的施作有心得，他說：「泥作師傅必須要用先用雷射水平儀量測，做記號拉水線，鋪設過程中還得用水平尺隨時調整，可不能看起來平就好。」還有兩天內千萬不可以有重物置於其上也不可踩踏，等水泥乾後即算施工完成。完工後，一定要用珍珠板上加夾板去保護，珍珠板能防水、夾板防硬物撞擊，保護預算每坪 NT.500～1,000 元不等。「我

Home Data

屋主：黃先生＆黃太太

熱愛女神卡卡和收集星巴克杯，超有活力年輕小夫妻，從事營建和室內設計的背景，讓他們信心滿滿的挑戰高齡老公寓。

所在地：台北市松山區

屋齡：34 年

坪數：34 坪

格局：三房二廳

家庭成員：2 大

尋找小包時間：
2010 年 3 月～4 月

正式裝修時間：
2010 年 6 月～9 月

泥作裝修費用：
NT.98,400 元

家用塑膠布和厚紙箱 DIY，這道手續不能少！」黃先生特別提醒我們。

這間老房子本來有不少的壁癌和漏水問題，要處理這個令人頭痛的大麻煩，黃先生說：「要抓漏就先放水測試出漏水的源頭及主因，再選擇解決的方法。沒抓出根源，屋內再做幾層防水都沒用會持續復發。」

當然浴室新做的防水也少不了，「防水層除了底漆至少要上兩層，最重要的是一定要放水測試，而且放水測試那兩天我一定會到場。」黃先生還特別提醒，泥作如果偷工，做起來剛開始看不到，最後只能默默的吃悶虧，所以若有時間的話，最好可以每天到現場去看看泥作施工的狀態，「像牆壁粉光時，我也特別要求師傅抓直線、水平的功力，多要求，多用點心，總可以做到比較完美的地步。」黃先生說。

這間房子還有很厲害的一點，就是完全沒有木作也毫不影響質感：「木作最貴了，所以不考慮，我們家客廳沒釘木作天花板，衛浴因為是頂樓也不需要遮掩樓上下來的管線，所以衛浴、廚房通通沒有木作天花板喔！」

⊖ 浴室磁磚打除後可見裡面鏽蝕的水管。

⊖ 夫妻倆有收集杯子的嗜好，展示收藏是最好的裝飾。

DIY 修補牆面

　　而外推的陽台留有色彩繽紛的馬賽克磚，就算是現在看起來也超有特色，「換陽台的 220V 插座的線路時一定要打牆，現在當然找不到可以修補的磁磚，我們本來超煩惱的，」黃先生指著插座下方說：「結果邱柏洲設計師居然說：『那就用畫的好了！』，我們心想：『對啊！居然還有這一手！』所以我就真的動手畫了！」完美融入牆面的手繪磁磚，仔細看居然還有點現代藝術的幽默感，黃先生露出有些孩子氣的笑容：「其實效果很好，不講你們根本不會發現吧？」

　　「我們本來以經完全放棄『好看』這件事了，省錢裝修嘛，看起來廉價是沒辦法的事，找邱設計師諮詢配色，本來只是希

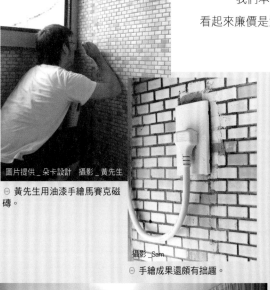

圖片提供 _ 朵卡設計　攝影 _ 黃先生

⊙ 黃先生用油漆手繪馬賽克磁磚。

攝影 _Sam

⊙ 手繪成果還頗有拙趣。

圖片提供 _ 朵卡設計

⊙ 兩面窗的房間怎麼擺床？掛上落地的紗簾和白色百葉窗，選一盞復古布燈罩檯燈，十足美式鄉村風。

攝影 _Sam

⊙ 方格狀的系統櫃，可以加上傢飾店買的置物盒，加強收納功能，錯落擺上收藏品、掛畫和照片就很好看。

望色彩不要太呆板就好。」黃太太告訴我們，設計師在現場直接調顏色，以灰綠色作為客廳牆面主色調增強視覺效果，和廚房牆面上的灰藍做出對應區分，而主臥室配出天空藍襯托紫色窗簾帶出空間的愜意氛圍，還延伸到傢飾和傢具，鼓勵他們天馬行空的大膽用顏色搭配，讓平凡的空間變得不凡，色彩使用的確豐富了這個省錢發包的空間表情。「其實我們在基礎工程上彎要求品質的，因為省不了啊！結果牆壁泥作粉光做得好，油漆師傅也能較輕鬆批土，顏色也有較好的效果。」至於最後美美的房子居然讓媒體採訪一個接一個，甚至登上了雜誌封面，則完全是意料之外的結果。「當初哪裡想到會這樣！」黃先生和黃太太不禁大笑說：「我們明明只是想要省錢的啊！」

攝影_Sam

⊕ 因為在頂樓，浴室上方沒有樓上的管路，不須要用天花遮蓋，直接刷上有防水功能的油性水泥漆。

圖片提供_朵卡設計

⊕ 完全沒有木作，只用系統櫃和活動傢具，善加裝飾就可以用低預算達到理想的成果。

☑ 磁磚叫料自己來

泥作每道程序關係著居住品質和安全，一但要做，就得紮實做到每個步驟，因此工不能省，大部分的材料價差也不大，除了磁磚。同樣的面積，磁磚越大片越貴，40cmx40cm 和 60cmx60cm 價差甚至超過兩倍，住家不是飯店大廳，坪數不大又不追求氣派的話，就不用指定大塊磚了。泥作工班也是向磁磚行叫貨，若是勤於比價議價，說不定能比請師傅叫貨便宜，例如大件工程用剩的庫存零批磁磚就會便宜不少；如果有電梯，量也不多，可以考慮搬工自己來，也可以省個兩三千元。

⊕ 自行跟建材行買磁磚，若能買到用剩的庫存零批磁磚就會便宜不少。

☑ 泥作別省料

泥作基礎材料便宜，等級高低價差不大，所以就該用好一點的，大廠牌的品質也較有保障；一般泥作師傅常用材料有南星益膠泥 25kg，NT.400 多元（雜牌只要NT.200 多元）；另外水泥別用潤泰（原力霸水泥，便宜因此多用於公共工程）。

⊕ 一般泥作師傅最常用材料的南星溢膠泥 25kg，NT.400 多元。

☑ 浴室別用石材、拋光石英磚

浴室最好用不吸水的磁磚，會吸水表面光滑的石材、拋光石英磚容易打滑漏水，不適合用在浴室；地磚不可太大，每邊要小於40cm，否則不好抓洩水坡度，太大片的地磚或用一般地板用長條磚，做起來地坪傾斜會大到站著都感覺得出來，不舒適美觀；除了磁磚要不要對縫之外，還要決定填縫的顏色，地磚最好用耐髒的水泥原色。

☑ 泥作也可做少量拆除

當只是要拆一兩樣不大的物件時，例如一面牆的磁磚或是一兩個窗戶擴大，就可以請泥作工班拆，現在由於市場競爭激烈，工班也專業分工，由泥作內專門負責拆除的工人工資也和拆除差不多。

☑ 腰帶用強化玻璃代替磁磚

單面上漆有底色的強化玻璃，沒有縫隙所以超好清理，用矽力康固定在牆面上施工也相當簡便快速，

普遍被用在廚房流理台牆面，其實也可以用在浴室，但由於整塊玻璃面積大，很難穿過家庭浴室的門，因此很少在商業或公用空間以外看到。其實可以局部或腰帶採用強化玻璃，因為施工簡單快速，工錢比起貼花式或馬賽克磁磚便宜許多。

☑ 沿用舊石材或地磚

中古屋如果本來就是用大理石或拋光石英磚地板，請泥作師傅檢查有無膨拱破損，沒有的話只要重新拋光，就有新地板可用了。

⊙ 沿用舊的大理石地板搭配精選復古傢具，不用刻意佈置就有濃濃懷舊氣息。

☑ 保持浴室通風，不用防霉填縫劑

市面上填縫劑很多種，顏色也很多樣，除了水泥本色、黑色、白色、米色之外，還有可以調色的；很多人怕浴室潮濕填縫髒汙發霉，因此用價格不斐的抗菌防霉填縫劑。不過這樣的產品只是延後發霉的時間，其實只要保持浴室通風乾燥，例如有窗或裝設熱風交換機等等，就不容易發霉長垢。

☑ 舊磁磚修補

舊磁磚有部分膨拱壞損，面積不大其實可以修補，挖除破損部分，重做部分防水，通常用濕式工法貼新磚；大部分修補的障礙不是難做，而是沒有磁磚可補；如果你家磁磚大概使用 5～10 年半新不舊，可向管委會詢問有沒有庫存，很多公寓大廈會存放建築用剩的磁磚以備不時之需。

☑ 不複雜、免防水工程可 DIY

泥作最貴在工錢，但關係到居住安全和品質的部分完全不能省工，只能在裝飾性質的東西上省，例如文化石牆、馬賽克等，請泥作打底粉光好，就可以自己動手，用樹脂益膠泥貼，市面上也有各式各樣的填縫劑，包括矽利康可以選用，全家一起動手，還能增進感情喔！

☑ 泥作屋頂防水工程最持久

請泥作做屋頂防水，是最貴、但效果和耐用度都最好的。防水應重疏導，泥作師傅能在屋頂上抓出洩水坡，將雨水引導向排水孔，比起消極的防堵有效的做法，就相當於浴室地板防水的加強版，防水塗料後打底，需要隔熱的此時再鋪保麗龍隔熱磚，然後才上水泥砂漿鋪磁磚。和 PU 或一般上防水塗料的工程相比，泥作直接從根本著手引水防漏，而磁磚水泥比起塗料抗曬，壽命最多可至 20 年。

泥作與漏水習習相關

Ⅰ.常見漏水位置與解決方法

看壁癌及滲水的位置大概可以分為上半牆和下半牆。上半牆包括天花板表示漏水來自上方，通常是樓上的問題，下半牆則通常為自己牆內水管或外牆破損造成。

- A. 樓上的排水管或糞管漏水→和樓上住戶協調修補或換管
- B. 樓上浴室或陽台防水失效→和樓上住戶協調打除瓷磚重做防水
- C. 頂樓天花板漏水產生壁癌→屋頂重做防水
- D. 牆壁內水管漏水→水電打牆檢查，加強接頭或換管，必須試水無漏水情況後才可補牆。
- F. 浴室浴缸前牆滲水、瓷磚破損漏水→整間打除，重新作防水到天花板和貼磚，不可只做局部，新舊磚交接很容易漏水。
- G. 窗框滲水→窗框滲水有兩大原因，施工不良和牆壁結構問題，前者處理方式為窗框鑽孔補填無收縮水泥、窗框周圍打矽利康補強；後者處理較為麻煩，一般是用高壓灌注發泡劑填塞隙縫，但此法僅能維持二年左右，治本方式為找泥作打牆作結構補強。

Ⅱ 正確的處理壁癌的方法：

- A. 抓出根源（外牆或管線）予以斷水處理，例如換管、修補水管接頭或補強牆壁結構。
- B. 打除壁癌區域至牆心（磚牆或 RC 面），產生壁癌的塗層會因水產生化學變化，變得脆弱或溶出對人體有害物質，一定要全部去除。
- C. 重做打底防水粉刷後，按照正常程序上漆或貼磚。

Ⅲ.浴室別用抿石子

最近幾年盛行抿石子，特別是繽紛的透明琉璃石用起來很有海洋風情，從旅館民宿等商業空間開始，也被引進了住家，但是抿石子不好做，師傅必須不停的擦拭施工面，擦不好則牆面不平

圖片提供 _ 朵卡設計

☺ 拋光石英磚雖然好看，但缺點亦不少，容易吃色、產生水漬和磚縫卡髒污。

整易剝落，石子也霧濛濛，十分耗工，工錢較高。石子縫在日常清潔保養上也不方便，防水也較磁磚差，並不適合用在浴室。

IV . 拋光石英磚的缺點

A. 會吃色、產生水漬：雖然是合成石材，還是有毛細孔，一旦打翻咖啡、可樂等深色液體，沒有馬上清理，就產生幾乎無法處理的污漬，拖地沒有馬上拖乾，也會有水漬。如果要時常清理的廚房地板，選用一般釉面磁磚會比拋光石英磚適合。

B. 拋光面亮不久：亮晶晶的磚面在入住後，很快就會被磨花，雖然可以再度拋光，不過有住人的狀態下還挺麻煩的；另外硬度雖高，卻也易碎，怕銳角砸到磚面造成損傷。

C. 磁磚縫卡髒污明顯：市面上大部分都是使用米色、沙色等淺色磚為主流，一旦磚縫卡髒污比傳統一般磁磚還明顯，是許多屋主的痛，目前有奈米填縫劑可以克服這個問題，但一開始沒有用的話，有些屋主就會求助於重新切縫填平的亮縫工程，一坪要價 NT.2,000 元。

D. 膨拱問題：因磁磚熱脹冷縮產生隆起破裂，一般都認為是施工不良造成，事實上石材、工法、作工都有可能，目前還沒有一個確定完全不會發生膨拱的材料和施工方法，再好師傅也難以保證，最保險的方式，是選擇較厚重的磚、採用半濕式施工以及一定要留 1mm 以上的縫，能夠將膨拱機會降到最低。

泥作工程發包小叮嚀

1. 找人介紹泥作工班，並看過其作品，選擇施工實在，品質好且有一年保固的最重要。
2. 泥作要好，從放樣開始到試水，一個步驟都不能少。
3. 施工中排水口要做保護措施，防止日後阻塞。
4. 磁磚進料時要檢查是否平整。
5. 浴室地磚要小片，洩水才順暢。
6. 拋光石英磚留縫才可防膨拱。
7. 解決壁癌漏水，先請水電處理病灶，泥作再按部就班做防水。
8. 泥作工程結束後，確認師傅會將地面泥灰等垃圾清理乾淨，並做好地板的保護以防下一個工程施工時對地板造成的傷害。

泥作完成，裝潢工程中最「硬」的部分就過去啦，接下來就要開始讓房子變美囉！

為何換新窗戶後，問題反而一大堆？

鋁門窗工程
是居家安全的第一道防線

鋁門窗是居家對外的出入口，除了安全之外，也關係到居家室內的通風與隔音問題。因此該選擇什麼樣式的門窗？安裝又有哪些注意事項？這些都是鋁門窗施工時不可不知的重點。

發包 + 常見疑問

Q：鋁門窗品牌那麼多，如何選擇呢？

A：其實是市面上講得出名字的廠牌大概都有不錯的水準，你可以看他們是否通過 CNS 標準，向店家索取出廠證明和測試報告，並且到展示空間去實地體驗，看看他們的產品是否符合你的需求。現在市場上鋁門窗的技術已經頗為成熟，品質不會有問題，因此大部分的漏水都是由於安裝不當造成，找承包商之前，打聽一下他們的作工，再高級的窗戶，沒有好的師傅安裝，也是會漏水。

Q：廠商報價的安裝施工包含什麼？

A：鋁門窗施工分為乾式和濕式，乾式是指外包窗或免拆窗，新作窗框直接用螺絲鎖在舊窗框上，矽利康封住接縫；濕式是指新作窗框與牆面直接相接，施工程序除了鋁門窗廠商抓水平立窗和最後接縫打矽利康以外，還得泥作灌注水泥砂漿填縫。鋁門窗報價看窗戶面積尺寸，連工帶料以才計算，都會包括立框和打矽利康，但不一定包含泥作，有些時候屋主翻修房子有請泥作工班，順便幫鋁門窗填縫，因此鋁門窗報價就不計算這塊，收到報價單要問清楚。

Q：為什麼窗戶一下大雨就漏水？

A：窗戶漏水可分為二種情況：

1. 窗溝漏水：因為窗戶本身設計結構瑕疵，或是老舊，而不夠氣密、水密。例如過去鋁窗的窗溝設計並不像今天是階梯狀的，一旦大雨潑打，平面的窗溝洩水不夠快，就漏進室內了；或是氣密不夠，雨水被風吹進來。如果不換窗，窗戶外側的接縫都要打上矽利康，或做外窗、防颱窗、搭個遮雨棚，讓窗戶不會直接接觸到大量的水。

2. 窗框外緣牆壁漏水：窗框與牆面銜接觸防水工程沒做好，磁磚破損未補，或因老舊、地震使得銜接處產生縫隙漏水，以及因結構性問題產生窗框對角「八」字型裂縫。這種情況打矽利康只是治標，要治本得找專業防水人員來找出縫隙，填灌水泥砂漿或高壓灌注環氧樹脂填補，外側表層再上防水塗料或彈性水泥。

如何看懂估價單？

位置	品名	規格		玻璃品名	左側	右側	底座（雙面鋁板）	外凸	下推（置物櫃）	屋頂3mm綠色平面（PC板）	鋁門窗		金額	備註
		W	H								數量	單價		
房間	鋁板+人工草皮	160	凸55	n/a	固定窗	固定窗	60	60	50	90	3式	3,100	9,300	原有屋頂拆除及清運
客廳	太天H1型落地大門	240	238	8mm透明玻璃							1樘	28,000	28,000	4片拉開天活動
房間	（方案2）太天H3型氣密窗	43-148-43	146	5mm透明玻璃							1式	24,500	24,500	正面2片拉開天活動，左右推射窗
房間	太天H3型氣密窗	140	129	5mm透明玻璃							3樘	7,000	21,000	2片拉開天活動
廚房	正新三合一通風門	95	237	5mm透明玻璃							1樘	13,000	13,000	單開門開天固定
房間	鋁合金穿梭管防盜凸窗	110-150-110	160								1式	18,400	18,400	屋頂鋁板+人工草皮
房間	8公分冷氣窗	71	49	雙面鋁板							1式	1,500	1,500	
1. 全部鐵窗加強白鐵釘及矽利康											1式	3,000	3,000	
2. 以上所使用的單位尺寸都為cm														
3. 以上報價含紗窗（摺疊式紗窗）安裝／兩年保固書一式。														
4. 以上報價使用之鋁材顏色為象牙白色（特殊顏色另議）。														

說明 1：窗戶 = 窗框 + 窗扇，單位為「樘」。

說明 2：開天：窗戶上面另做透光或透氣小窗，如果透氣窗也可以拉開，就會記成「開天活動」，固定式則為「開天固定」。

說明 3：報價是以才（1 才 =30x30cm）計算，窗型、玻璃、施工難度都會影響單價，而更改框色、加邊條等等基礎型以外的要求都會以才另外加價。一般報價不含泥作填縫，有需要必須請廠商加上；接到報價單一定要確認包含什麼工序和零件。

安裝四步驟不可馬虎

1. 找住家附近工班，指定鋁擠型品牌：鋁門窗和很多商品一樣，從做為原料的鋁錠或不鏽鋼，經歷過一串串長長的加工，才到消費者手上。平常在廣告上會看到的鋁門窗品牌，如鵝牌、錦宏、YKK、正新、太天、大和賞、大同……等，這些廠商是出產固定尺寸的成品窗和可以裁切的鋁擠型（鋁錠經加熱擠壓而成的鋁條，經裁切組裝後就是窗框），但不直接賣給消費者，而是供貨給下游的加工廠或鋁門窗行，鋁門窗行才是直接切割、安裝和提供保修服務給消費者的人。有時估價價格超過兩萬，廠商可能外包給離你家近的其他廠商做，所以可以問問附近鄰居找誰做，街坊口碑最直接，還看得到成品，離家近維修也方便。工班會有慣用的鋁擠型，知名度高、廣告越大的價格會比較貴，少廣告但工班常用的會比較實惠；你可以直接向工班指定品牌。

2. 鋁門窗其實是統包：鋁門窗包含幾個工序：拆除、清運、製作安裝窗戶和泥作，如果工程中沒有其他部分需要拆除和泥作，鋁門窗行也都有自己的口袋工班，報價方面會另外計算。一般來說，氣密窗搭配5mm厚玻璃約NT.250～350／才，分成一、二、三代；隔音窗搭配5mm+5mm厚雙層膠合玻璃約NT.500～600／才，因為訂作有基本費用，面積越大單位價格就越低。窗框太大或太重卻沒有電梯，就得叫吊車，出車費NT.3,500元，另加每小時NT.1,500～1,600元。泥作一個人一天約NT.3,000元可以填四樘，加上約NT.1,000的水泥砂。窗戶本身的報價

施工流程

原本為相當老舊的黑鐵窗和木頭窗框。　　連落地門都是木框。　　　　　　　　拆除後立新窗框。

都是連工帶料，不一定包含泥作，要問清楚。和大部分工班一樣，因為做工瑣碎，分開報價怕屋主拿掉不該拿的，也因為很多難以定價所以會高估，因此有時分開報看起來反而較貴。而舊窗戶清運，因為有鋁框，因此是可以賣錢的，一公斤大約可賣 NT.30 ～ 40 元，不過都是誰清運就誰拿去；窗框清運通常都必須另外加價。

3. 選擇合格的鋁門窗：影響鋁門窗的隔音氣密能力的因素很多，包括鋁擠型的粗細、結構。大廠鋁料普遍為符合 CNS 標準 6063-T5 的材質，有些便宜的可能是舊料回收熔製。一般來說厚框、大框各方面都會比薄框來得好，但其中的差別消費者很難理解，因此與其在鋁料尺寸上打轉，還不如直接看產品的性能規格，性能不同價格也有很大的差異，因此與其什麼都挑最頂級的，還不如依不同環境選擇選符合需求的鋁門窗，錢才能花在刀口上。鋁窗必須要通過多項 CNS 認證檢驗才可被稱作「氣密隔音窗」，包含四項檢驗標準：抗風壓性、水密性、氣密性、隔音性，可向店家索取出廠證明和測試報告確認。另外，也可以到現場測試：拿張卡片或名片放在窗扇和窗框間，關上後越難抽起氣密度越高。

攝影＿＿Amily

⊕ 合格的氣密窗需經過多項的 CNS 認證。

新作磚牆立窗框。

窗框外設下緣泥作必須抓洩水坡。

本單元圖片提供＿朵卡設計

4. 乾式工法與濕式工法：所謂乾式工法，就是用喜得釘鎖上固定再打矽利康塞水路，講究一點的廠商會在新框內灌發泡劑加強防水隔音。此工法常用於舊窗外框不拆除而直接安裝新窗戶時，陽台外推另加裝窗戶或雨水不會直接接觸窗戶的情況。優點是施工乾淨快速便宜，適合已經有人居住的房子，缺點則有窗框寬厚不美觀，隔音效果較差，容易漏水。若原來舊窗有漏水的情況，就不可用乾式施工，而必須用濕式工法，整治漏水再裝窗。

濕式工法就是一般鋁門窗安裝在牆面的方式，須經過泥作填縫，所以才叫濕式，做得好隔音防水都較佳，全新窗也較好看，用於開新窗、拆舊窗框後重裝。窗戶漏水大半都是因為填縫，而拆舊換新因為舊材殘留，更容易發生，因此濕式工法要注意的點較多。

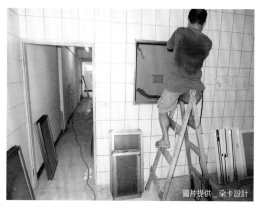

⊕ 乾式施工是直接將新窗戶架在舊窗框上，不用動泥作。

5. 安裝鋁窗的四個部分：安裝鋁窗大致上可分為拆除、立窗、填縫、塞水路四個部分！而哪個重要？答案是都很重要！就像電腦升級，只換了顯卡魔獸也不見得跑的動，最好是連記憶體、CPU也一起換一換（當然頻寬也要加大）。

● 拆除打牆：在牆上開洞或是拆掉舊窗框就需要拆除人員進場施工，這部分最需要注意不可粗暴，以免造成外牆磁磚破裂，並且要將舊窗殘留的填縫泥砂清乾淨，否則日後新舊材不密合產生漏水問題，非常麻煩。拆除還包括磚石及廢門窗清運，還有繫上帆布遮擋風雨。拆除後工班應該進行第二次丈量，確定門窗尺寸。

● 立鋁門窗框：泥作完成前，工班將一樘樘成品門窗或訂做加工好的門窗送到案場安裝，很重的大型窗框或落地門和大門，師傅會先將螺絲打入牆壁，再將框與螺絲點焊連接。立一般窗框先用雷射抓水平，過去師傅會在框與牆的縫隙塞木條固定，水平抓好後用長條金屬固定片把窗框鎖在牆上，俗稱「綁鐵

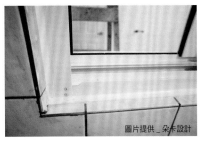
⊙ 為了預防窗框漏水，在下方窗框的直向和橫向接合處塗上矽利康。

腳」，但木條在填縫後若未取出，容易造成漏水問題，現在則大多使用不需取出的金屬水平旋轉螺絲固定位置；為了預防窗框漏水，在下方窗框的直向和橫向接合處塗上矽利康，並且在窗框下支底部墊上防水布。

● 泥作填縫：也稱為濕式工法，相對於只打矽利康的乾式工法。窗框漏不漏水，幾乎都是決定於這個步驟做得確不確實。1：3水泥砂漿加上防水劑，用工具灌入窗框縫隙，必須充填飽實；抹平窗框周圍時，窗框外牆側下方一定要抓洩水斜坡；最後窗框周圍外牆必須粉刷彈性水泥，如有磁磚也必須補好。

● 塞水路：泥作完成後，鋁門窗工班就可以再次進場拆紙、裝玻璃和收尾塞水路。這部分最重要的是窗框周圍和接縫打矽利康補強防水，玻璃的周圍PVC壓條或矽利康也必須處理乾淨確實。窗框外牆用油性矽利康，內牆為了可以上漆則必須用水性矽利康。

⊙ 古舊的木窗框和黑鐵窗。

氣窗設計
打造通風舒適居家

圖片／提供：保卡設計

Home Data

屋主：李先生

從事科技業卻很有藝術氣息的李先生，十分了解如何在功能效率和美感之間取得平衡，良好的品味和手腕在這裡發揮得淋漓盡致。

所在地：台北市

屋齡：40 年

坪數：27 坪

格局：二房二廳

家庭成員：1 大

尋找小包時間：
2011 年 8 月～ 9 月

正式裝修時間：
2011 年 10 月～ 12 月

鋁門窗裝修費用：
NT.130,000 元

孝順的 Bill 為了媽媽，改造了位於一樓、40 年屋況超差的老房子。除了大大整治了整間房子的水電管路，打造了寬敞的無障礙浴室，關係到居住環境品質和安全的門窗，也是這次無法省卻的重點。「你看，原本是這種木頭窗框，」Bill 指著照片，塗了深色漆的木頭窗框加上黑鐵窗，配上壓花毛玻璃，跟記憶中阿嬤家的一模一樣，「我們本來想把它留下來繼續用，因為很有味道，但真的太舊，白蟻蛀得很嚴重，只好全部換新。」老房子的白蟻問題，不是只有拆掉就好，拆掉之後還得噴藥作處理，Bill 說：「後面房間的只有局部被白蟻蛀，但窗框真的就沒辦法；我們的處理方式是拆掉後先噴一次藥，上窗框和重做木作前再噴一次，確保徹底除蟲。」

氣窗設計更通風

很有氣質的李媽媽說：「我就不愛吹冷氣，吹了會渾身不舒服。」一樓房子本來就陰涼，而這裡的優勢，就在於前後院拉開了與鄰居間的棟距，通風超好，善加規劃，的確可以讓李媽媽不靠冷氣舒舒服服地度過夏天。協助規劃和監工的李耀輝設計師說：「以前的門窗都有設計氣窗，讓空氣能由室外順利穿過室內，夏天將熱空氣帶走，冬天關了下面的大扇窗戶，還有氣窗能保持空氣流通，但現在已經很少見了；這間房子原本的門

窗就有氣窗，因此我們訂做鋁門窗也加入氣窗的設計。」夏天不用關窗開冷氣，空氣對流使得整間房子夏天總是涼爽，也總有新鮮空氣，但冬天真的很冷的時候，通風太好常常會讓冷空氣從窗縫灌進來吧？設計師說：「這時我們就得關心門窗的氣密性了，挑選合乎 CNS 國家標準的氣密窗，看展示實品時，可以拿張卡片或名片放在窗扇和窗框間，關上後越難抽起氣密度越高。並且要由原廠授權代理的廠商加工，才能達到試驗報告的測試效果。」

圖片提供 _ 朵卡設計

☺ 選購新屋時，房屋方位以坐北朝南為佳，利用季節風向及適當開口，將室外低溫空氣引入，減少空調負荷。

☺ 在非西曬的牆面開窗，寬敞、明亮、大面窗 引進自然光，房子就不用開太多燈。

圖片提供 _ 朵卡設計

☺ 鋁窗特別開了氣窗，從房子本身結構做好通風、隔熱設計，就能降低住宅冷氣耗電量。

圖片提供＿朵卡設計

☺ 室內玻璃加貼隔熱膜提升隔熱特性，戶外留外廊道，並於屋頂及戶外周遭多種植綠色植栽，都有助於室內降溫。

窗框防水要做好

　　李媽媽不想像鄰居一樣，把雨棚搭滿整個院子，遮蔽光線，因此沒有做很深，碰到颱風天，風雨一大還是可能直接淋到窗戶，為了防範這種情況，防水必須做得很仔細，填灌窗框縫隙的水泥砂漿必須要摻防水劑，並且一定要灌飽，「因為我們外牆沒有瓷磚，因此全部都做了彈性水泥防水粉刷；外牆比窗框厚不少，擔心積水，窗框下面也有做洩水坡。」Bill 說。

　　裝保全克服安全問題之後，這間冬暖夏涼的房子真是理想的住宅。夏日傍晚，涼風由敞開的落地門徐徐送入，大人坐在一樓客廳泡茶談天，孩子們跑進跑出喧鬧嬉戲，是許多台灣人懷念的兒時情景。對於李媽媽來說，樂活其實不是新的觀念，而是一種最自然的生活方式，Bill 和設計師運用現代技術克服環境的不足，拾取被遺忘的前人智慧，證明了這其實不是一件複雜困難的事。掛上新舊家族照、自己親手繪製的油畫，為媽媽打造的新厝，正逐漸成為另一個承載家族歡笑及回憶的場所。

圖片提供 _ 朵卡設計

圖片提供 _ 朵卡設計

⊕ 地板是用 PVC 地板，也就是俗稱的塑膠地板，一坪大約NT.900 ～ 1,000 元，是普通超耐磨地板的 1 ／3 價錢。

圖片提供 _ 朵卡設計

⊕ 全室都沒有做木作天花板，省去不少木作的費用。

圖片提供 _ 朵卡設計

⊕ 利用大開窗，打造了寬敞明亮的無障礙浴室。

☑ 免拆外包窗

如果舊窗框破舊損壞，但又不想整樘拆下，怕傷到泥作多花錢，可以選擇乾式施工的免拆窗（外包窗），直接將新窗戶架在舊窗框上，不用動泥作，省工錢，但缺點是新舊加起來邊框會極厚，看起來也不是那麼美觀，隔音防水較差。

☑ 真的有需要隔音窗嗎？

其實隔音窗就是更高級的氣密窗，但價格往往可以高出個一倍。好的氣密窗隔音效果也不差，不是在像公路旁、機場旁這樣非常吵的地方，玻璃夠厚的話窗子關上其實就差不多安靜了，要按照居住環境選擇合適的窗子，才不會造成不必要的開銷。

☺ 氣密隔音窗價格大約比氣密窗貴上一倍。

☑ 舊窗翻新最省

金屬的窗框和玻璃其實不會壞，如果沒有漏水問題，其實修一修就可以再用，不需要全部打掉重裝；矽利康可以重打、隔音氣密橡膠條可以重裝，重新繃紗網就能和新的差不多。但紗窗和橫拉窗底下的滾輪，因為商品汰換速度快，原廠不一定有零件，可能得找替代品，真的不行就只能全換了。

☺ 如果舊窗框破舊損壞，但又不想整樘拆下，怕傷到泥作多花錢，可以選擇乾式施工的免拆窗。

圖片提供＿朵卡設計

I . 鋁窗樣式

A. 橫拉窗

最常見、常用的窗戶種類。可左右拉動，並且一框多片，常見二拉窗、三拉窗、四片窗。橫拉窗便宜好維修，以前鋁門窗用灌黃油塑膠輥輪，耐重量不夠，是窗戶最易壞的地方，十幾年前改用培林輪，但使用上還是得常拉動，避免培林輪內的鐵珠長水鏽。

圖片提供 _ 朵卡設計

☺ 橫拉窗是最常見、常用的窗戶種類。

B. 推射窗

用外推方式開啟，五金採用四連桿，可裝折疊紗窗，不過進化版的內導內推窗就不能裝紗窗。推射窗內部銜接處的縫隙相對較少，較橫拉窗防風防水，常用在高樓層，搭配景觀窗使用；有綠建築理論提到開啟推射窗片可以導風入屋，然而這必須考量風向才能達到這個效果，可開 90 度的窗片較佳；推射窗除了左開和右開，也有上掀式的，好處是雨天開啟不用擔心雨水濺入；外推窗常被人說五金易壞，現在工藝進步，大廠牌的五金零件故障率已經沒有那麼高了，但

圖片提供 _ 朵卡設計

☺ 推射窗常見於高樓層，因為結構而有極佳的防水氣密能力。

使用習慣還是有影響，若是不常開，四連桿也容易長水鏽，這時噴上防鏽油拉動幾次就可以了。

C. 直軸窗與橫軸窗

顧名思義窗戶以直向或橫向窗框中點為軸心旋轉，很常用在通風窗、景觀窗，因為開啟時會有半邊窗戶內縮，佔空間，也無法裝紗窗，較少使用在必須時常開啟的區域。

⊕ 固定窗常搭配推射窗使用。

D. 固定窗

固定窗不能開不能動，多是作為景觀和採光用途，有時做成外凸的玻璃屋，常搭配推射窗使用。

Ⅱ. 玻璃是隔音抗熱的關鍵

鋁門窗在隔音抗熱上很難和混凝土或磚牆面比，窗越大就越熱越吵，偏偏現在注重通風採光，許多建商乾脆就在牆面上開個大窗，因此玻璃的使用就是舒適與否的關鍵了。家用玻璃主要分清玻璃和強化玻璃，現在鋁門窗玻璃為了安全，都是使用強化玻璃。氣密窗一般常用 5mm、8mm 及 10mm 等三種厚度，越厚的玻璃隔音性越高，但越厚重量就越重，必須考慮鋁框和輥輪等五金的耐重程度。而依玻璃的型式有：單層玻璃、膠合玻璃和複層玻璃。

膠合玻璃是由兩片單層玻璃黏成，中間還可以圖各樣各樣抗曬隔熱的塗層，相較於單層玻璃，膠合玻璃破時不會碎一地，安全性更高，同時也是隔音最好的一種玻璃，住在大馬路邊等噪音很高的地方，可以考慮 5mm+5mm 以上厚度的膠合玻璃。

複層玻璃則是兩塊單層玻璃外圍用防潮鋁條固定，中間留有空間，將空間抽真空並灌入乾燥惰性氣體。邊條品質不佳或單純用手工膠黏的雙層玻璃，因為滲入外界帶有濕氣的空氣，當溫度變化就會產生水珠凝結在

⊕ 玻璃是窗戶是否能隔音抗熱的關鍵。

玻璃表面，看起來霧霧的不甚美觀，因此在選用複層玻璃必須考慮廠商的口碑及保固。經過隔熱抗曬處理的單層玻璃製成的複層玻璃，隔熱效果相當優異，是三種型式中最好的，但在隔音上就不如膠合玻璃。複層玻璃的尺寸算法是兩片單層玻璃的厚度加上中間的距離，因此通常都較厚，必須考量鋁框的寬度。例如 5mm+6air（中間空間）+5mm 的玻璃厚度達 16mm，用有寬溝的固定窗較為適合。

視覺上玻璃的種類更多，清玻璃以外有壓花、噴砂、波紋……等等各式各樣，以鋁門窗選擇來說，窗外沒有 view 又有隱私需求的話，大可以使用霧面的不透明玻璃，節省窗簾的花費。也有所謂的隔熱玻璃，許多高樓層新建案都會裝，但隔熱玻璃通常都加上金屬反光層，因此到了晚上室外除了可以直接透視室內，還會在室內造成反光，並且也會較暗，如果新裝玻璃可以考慮用透明玻璃加上隔熱膜較不會有夜間反光問題。

III . 烤漆粉體塗裝價差大

鋁門窗的表面處理，關係到鋁門窗的壽命，CNS 標準也有規定相應的塗層厚度。以價格、抗蝕能力和壽命低至高排序分別是：陽極處理、粉體塗裝和氟碳烤漆。陽極處理是用藥水發色再上保護膜，因此幾乎都是金屬色，抗蝕能力佳；粉體塗裝是目前市場主流，因為顏色多變且施工快速方便而受到歡迎，現在常看到的白色鋁框都是這種處理方式，平均價格與陽極處理差不多，但

攝影＿沈仲達

☺ 鋁門窗的表面處理，關係到鋁門窗的壽命，CNS 標準也有規定相應的塗層厚度。

必須注意粉體塗裝的品質落差和價差頗大，品質優良的粉體塗裝壽命可達 15 年；氟碳烤漆是表面處理中最高貴的一種，價格約是前兩者的三倍，施工時間較長，還可做木紋，且相對的十分耐用，壽命可達 20 年以上，有的廠商甚至表示可達 40 年。

IV . CNS 國家標準是什麼？

● 抗風壓性：門窗的主要受力構件在受強風吹襲變形之前，所能承受風力的極限值，也就是日常颱風來襲時可以承受的程度。單位是每平方公尺所能承受的壓力（公斤），共有七級，氣密窗以上有 160 kgf/ ㎡、 200 kgf/ ㎡、240 kgf/ ㎡、280 kgf/ ㎡、360 kgf/ ㎡，居住在平均風力強的區域、或是樓層越高，所需的抗風壓性就越高。

水密性：關閉窗戶所能承受水壓極限值。單位和耐風壓一樣，在規定條件下鋁門窗每平方公尺所能承受的水壓力，氣密窗以上五級，10 kgf/ ㎡、15 kgf/ ㎡、25 kgf/ ㎡、35 kgf/ ㎡、50 kgf/ ㎡，超過 50 kgf/ ㎡以上的則為廠商標榜或自行測試的結果。水密性的選擇和居住環境有很大的關係，一般門窗其實使用 25 kgf/ ㎡以下

攝影_沈仲達

⊙ 透過設置氣密窗，達到隔音、隔熱與安全三效合一。

就可以了，有雨遮只需要 15 kgf/ ㎡，但如果是在郊區迎風面、易淹水的低樓層，就需要 35 kgf/ ㎡以上的鋁門窗。

氣密性：關閉門窗的情況，特定壓力下門窗阻止室外空氣滲入室內及溢出的能力。單位的意思是鋁門窗每平方公尺通過的氣體量（立方公尺），氣密窗以上有三級，30、8、2，數字越小等級越高；氣密窗也和隔音效果有絕對關係，所謂的「隔音窗」其實就是高等級的氣密窗。

攝影_沈仲達

⊙ 若希望有安靜的環境，建議選擇隔音性能較佳的氣密窗。

隔音性：是指鋁門窗在關閉的狀態下的減噪程度，單位是分貝。影響隔音性的因素為氣密性和玻璃，氣密性達 2 等級之後，影響減噪效果的變因只剩下玻璃。一般鋁門窗隔音性數值都是以特定厚度的玻璃測試出來的，也就是說必須高於這個厚度才能達到測定標準以上的隔音效果。隔音性分為五級，25、30、35、40，35 級以上就被稱為隔音窗；每個人對噪音的容忍度不一，一般來說生活在大馬路、鐵路旁就必須 35 級以上，機場旁邊可能必須高達 40 級才堪用。

5. 樂活氣窗、三合一門

　　過去的房子常常在室內外門框和窗戶上方另外開氣窗，使室內空氣流通，熱氣有效率排出，現在許多房子雖然會在窗戶上方「開天」，但大多是採用的固定窗。要打造節能減碳的樂活好宅，除了現在已經漸漸普及的陽台用、具有門扇、紗窗及防盜飾條的三合一門，可以設計可開關的氣窗，增加對流，讓室內更通風。

6. 鋁窗兒童安全鎖

　　兒童墜樓意外頻傳，鋁窗使用安全變得格外重要；過去鋁窗沒有安全裝置，只能用另外安裝的活動卡榫或拉扣，效果不一定好，也容易壞；現在不少鋁門窗、鋁擠型就有設計安全卡榫，或是原廠的五金配件，可以詢問鋁門窗廠商，是否有更專業的選擇。

攝影 _ 王玉瑤

三合一門常用於廚房與後陽台之間，具有門扇、紗窗及防盜等功能，可開關的氣窗，增加對流，讓室內更通風。

鋁門窗工程發包時小叮嚀！

1. 鋁門窗可以找住家附近有口碑的施工廠商。
2. 指定大廠牌的鋁擠型或成品窗。
3. 注意估價單中是否有含泥作填縫？
4. 鋁窗送來組裝時，其樣式、材質、顏色與玻璃厚度及樣式應先確認無誤再安裝。
5. 安裝時確認鉸鏈是否安裝在室內？窗戶是否有水平？
6. 不管選擇甚麼樣式，新裝鋁門窗最重要的是填縫必須飽實，中間不可有雜物。
7. 外牆必須做洩水坡並且塗彈性水泥，磁磚修補完整，確實塞好水路。
8. 舊窗套新窗接縫處也必須確實做好防水。一定要盯著工班做到，將來才不會有漏水問題產生。
9. 安裝後要試開關，確認鉸鏈或滾輪等五金是否滑順？

冷氣到底是木作前施作？還是木作後呢？

三種工班妥善協調，裝冷氣美觀又省錢！

裝修時，冷氣到底何時該施工？大多數人以為全室裝潢完畢後再裝冷氣即可，結果導致冷氣管線外露，破壞了原本美美的裝潢。而且冷氣找該水電工班還是找冷氣廠商？該買哪一種冷氣才是最適合自己的？這些都是不知不可的省錢關鍵。

發包
常見疑問

Q：變頻和定頻冷氣哪一個好？

Q：為何冷氣不同品牌價錢差那麼多？

Q：冷氣發包也是找水電工班嗎？

A：冷氣應該找專門裝修冷氣的空調公司來處理，而不是找水電行或水電師傅。因為比起傳統冷氣，變頻冷氣或新式R410冷媒更要求安裝能力，不少案例問題都不是出在機器瑕疵，而是安裝過程有差錯導致的冷氣故障或漏水。購買冷氣時不只看費用，師傅的安裝品質更加重要，要找領有冷凍空調技術士證照的師傅才有保障。

A：相較於定頻冷氣，變頻的優點有：1.變頻冷氣啟動時是由低轉速逐漸加速，所以啟動時較不會產生震動及噪音，較為安靜。2.省錢：變頻冷氣的EER值低於低頻時效能顯著提高，長時間使用較定頻冷氣節省能源及電費。3.能快速達到舒適溫度，變頻冷氣開始運轉時是以高於一般定頻冷氣的頻率運轉，「速冷」使室內溫度能急速下降，迅速形成人體感到舒適的環境。4.不會造成電力系統之不穩定：定頻冷氣機啟動時的高啟動電流，造成電壓下降，供電電壓之脈衝會使燈光閃動。變頻式冷氣機屬低速啟動，啟動電流小。

不過變頻冷氣不如定頻冷氣的就是建置成本高，選購時還是要衡量使用頻率，少用或每次用的時短就可以考慮定頻冷氣。

A：冷氣品牌眾多，一樣噸數的機器價差可以到達一倍以上，到底差在哪裡？其實平價冷氣性能上並不會有太大不同，特別是技術成熟的定頻冷氣。名牌冷氣的管銷費用高，服務據點多，報修、保養可能比較快速，但二、三線品牌也有經營服務的，只是沒有廣告知名度低。選冷氣其實就看自己的預算，如果是成本考量、沒打算住幾年，就不用花太多錢在這上面，而相較於品牌，冷氣安裝品質和售後服務更重要，要選擇原廠維修而非外包的品牌較有保障。

如何看懂估價單？

項次	品名規格	單位	數量	單價	金額	備註
壹	日立變頻單冷分離式 : 1 對 1-R410					
1	RAC-63JS ╱ RAS-63JS:6300Kcal	組	1	54,000	54,000	客餐廳
貳	東元壁掛分離式冷氣 : 1 對 1-R22					
一	PA0251BDC/PB0250BDC:2500kcal	組	1	14,000	14,000	房間，定頻機
小計					68,000	未稅
叄	配管及設備安裝工程 :					平均單價
1	被覆銅管及控制線配置工料 : 2*5	條	1	4,500	4,500	
2	被覆銅管及控制線配置工料 : 2*3	條	1	2,500	2,500	
3	排水管配置工料	台	2	0	0	水電預留
4	室內機安裝工料 : 壁掛式	台	2	1,300	2,600	
5	室外主機定位管線連接 : 含安裝架	台	2	2,200	4,400	
6	系統處理及試車調整 : 含冷媒填充	組	2	400	800	
7	電源配置工料 : 電箱至主機	組	2	0	0	水電預留
小計					14,800	
合計					82,800	未稅

說明 1：排水管及電源一般都是由水電工班拉管牽線，但在只安裝冷氣而無裝修的情況，可以請冷氣廠商的水電工班施工。

說明 2：冷氣工程的報價分為三部分：機器、管線材料費、安裝費。除了尋找專業冷氣空調公司或水電行購機安裝一次搞定，大部分工班會希望機器能向他們買，以調整工資和銷售利潤的比例，但你也可以自行購機，另找安裝。冷氣型號很長，貨比三家時一定要型號完全相同比起來才有意義。大賣場或 3C 賣場由於競爭激烈因此促銷活動多，容易出現較低的機器單價，但這些賣場的安裝都是外包工班，品質很難判定，因此委託給自己信賴的師傅也是讓人較為安心的選擇。

圖片提供_朵卡設計

⊕ 冷氣應該找專門裝修冷氣的空調公司來安裝。

專業冷氣空調施工品質佳

1．**分離式冷氣二階段安裝**：冷氣應分為 2 個階段完成，第一階段為工程初期，佈置冷媒管與室內機的排水管，這時候冷氣安裝須考慮未來如何減少木作又能藏的住冷煤管與排水管，這牽涉到木工、水電、冷氣三個工班，最好一次找來當面協調。第二階段室內機的安裝則在油漆之後。

2.**計算所需冷氣噸數**：冷氣該挑多大噸數多半是想買冷氣的人最頭痛的問題，簡單來說，空間越大、熱源越多，所需的冷氣噸數就越大。簡易的算式：一噸約為含傢具空間 5 坪（不含傢具約 4 坪，一坪約需要 450Kcal），若是頂樓、西曬或挑高樓層，或者室內人多、會發熱的光源多（例如鹵素燈），則噸數再往上加 20% ～ 25%（一坪多 100Kcal）。當然，預算夠的話，噸數買大一點保證會涼，只是錢花不到刀口上。

冷氣規格標示。

3. **看 ERR 值注意單位**：由於冷房能力標示沒有統一，有用 kw（千瓦），也有用 kcal/h（千卡／小時），甚至舊一點還有 BTU ／ h，因此比較時要注意單位是否相同。至於現在普遍拿來作為比較省電能力的 ERR（能源效率比值 Energy Efficiency Ratio），是指每消耗一度電可以帶走多少熱能，EER 越高就越省電，計算方式是：**冷房能力／消耗電力**

施工流程

木作進場前，冷氣師傅先配置冷媒管與排水管。

木作將原冷媒管與排水管包覆，並利用此深度設計窗簾盒。

在預定安裝的位置裝置冷氣背板。

因此 EER 值的單位和計算結果會隨著採用的冷房能力單位不同而有差異，有 kcal ／ h-W、W/W 和 BTU ／ h-W，選擇冷氣時應該注意要用同一單位比較。

圖片提供_朵卡設計

⊖ 一對一的分離式冷氣比一對多更省電，是較好的選擇。

4. 分離式冷氣買一對一比較好：一對一是一台室外主機對應一台室內冷氣，一對多則一台室外主機對應多台室內機。一對多的好處是室外主機不佔室外空間，尤其適合大樓型建築狹窄的室外空間，選擇一對多可解決。但是若機器擺得下，其實一對一是較好的選擇，因為：

A. 較省電：當家裡只開一台時，一對一比較省電，但當對應室內多台全開時，一對多則較省電。

B. 故障、汰換時較省錢：室外機故障時，一對多會讓所對應的室內機都不能使用，汰換也要一起換。

C. 一對一促銷多：冷氣促銷優惠時，一對一機種通常有更多折扣。

5. 冷氣的安裝盡量靠近室外機：裝潢前，先考慮冷氣安裝的位置。冷氣離室外機愈近愈好，除縮短冷媒管線長度，又可增加冷媒效率，還可減少隱藏大批管線的木作面積。施作木工前若能決定室內所有冷氣位置，未來木作天花板的任務之一就是隱藏冷媒管。掛壁式冷氣應該順著屋子的較長的方向吹，例如客餐

掛上冷氣，連接冷媒管、電源線和排水管。

吊掛式冷氣完成。

本單元圖片提供 _ 朵卡設計

⊙ 冷氣四周都必須留有適當的「回風空間」，冷氣才可發揮該有的效能。

廳是東西長、南北短，冷氣就應該向東或向西吹，才冷得均勻有效率。

6. 必須有回風空間：千萬不可將冷氣室內機包在天花板裡，只留出風口。冷氣四周都必須留有適當的「回風空間」，冷氣才可發揮該有的效能。冷氣是由回風孔吸入室內的熱空氣，目前多數的室內機都是設置在前方或上方，各家冷氣廠牌對不同的型號機器都有訂定所需的回風空間，室內機上方距天花板 5cm～30cm 不等，前方則至少要有 30cm～45cm 不被遮擋。

假如冷氣掛的位置必須比天花板高，以至於有部分機身被天花板蓋住時，一樣得依前述要點預留回風空間。另外也要注意出風口也不要靠大型傢具太近，如冷氣下方直接設置衣櫃或書櫃，冷風直接吹櫃頂，嚴重影響對流，不但不冷，而且費電耗能。

7. 室外管路要洗洞、室內用木作包管線：要拉管線到室外機，一定要洗洞穿牆，不要穿窗。常有冷氣工班嫌洗洞費事，而直接在窗戶上開洞，結果漏冷氣和漏水，也不美觀。

冷氣管線在室內應該盡量走明管或由木作包覆，不要埋在泥作牆裡，一旦管線損壞漏水很難修理。若天花板沒有灑水頭與雜亂線路，其實無須全室木作天花板，冷媒管可以走樑近壁，木工以包樑或假樑的方式一樣可以遮住冷媒管。如果掛冷氣的牆面，後面的那個房間有做天花板，可以直接在機器正後方洗洞，讓管線走牆另一面的天花板內，掛冷氣

⊙ 管線都必須藏在木作內，蓋上冷氣蓋子後醜醜的冷媒管與排水管都不見了。

這面牆完全不會有任何管線需要遮蓋。

8. 排水管處理：通常新屋建商都會在牆面留冷氣排水管，工班只要把室內機的軟管接上去就好，這些排水管大概都是走牆面牽到接近的地面排水孔，像是廚房、浴室和陽台，而當舊屋翻新時，也可以用同樣的方式，請水電師傅打牆埋管接到鄰近的排水孔。

9. 冷媒管連接一定要燒焊：冷媒管是銅管，連接延長必須要用燒焊接才不會有外漏的危險；多數冷媒洩漏並不是因為一般所想的管壁破裂、保溫層破損，而是銅管與機器的接頭沒接好所造成。

10. 監工關鍵：試水：有時冷氣機會從室內機殼邊緣漏水，原因主要有兩項：排水管和冷氣機接頭沒有接好，或是洩水坡度不夠水積在管內，使得接頭承受不住而漏水。要預防這個情形，室內機安裝完一定要試排水：用保特瓶裝水，倒個幾瓶進排水管。舊屋裝修排水管可以預埋連接浴室、陽台的排水管，新大樓通常建商有預設的冷氣排水管路，但安裝前還是要先試排水，看是否有阻塞的情形。

⊖ 裝好冷氣室內機一定要試水，確認不會有漏水情況發生。

11. 監工關鍵：抽真空：分離式冷氣，安裝完室內外機，最重要的一個工序就是抽真空。用真空泵將冷媒管中的空氣水分粉塵抽掉，才不會造成冷媒不連貫，一下冷一下不冷，造成當機、噴水等問題，對於很要求管內壓力的 R410 新冷媒來說特別重要。抽真空通常持續 15 ～ 40 分鐘，按照冷媒管長度遞增，安裝人員必須根據真空泵上的壓力計判斷是否已經抽到理想狀態。不少不肖廠商沒有確實做好抽真空，或是根本省略，因此在安裝冷氣時一定要到場監工。

⊖ 分離式冷氣安裝完之後一定要抽真空。

多樣搭配，
打造最省錢的冷氣組合

格麥設計

Home Data

屋主：劉太太

最喜歡交朋友和唱卡拉
OK，熱心可愛的歐巴桑，
幫人裝修房子還滿足了自
己的少女心，一舉兩得。

所在地：新北市板橋區

屋齡：新成屋

坪數：25 坪

格局：二房一廳

家庭成員：2 大

尋找小包時間：
2011 年 5 月～6 月

正式裝修時間：
2011 年 7 月～8 月

冷氣裝修費用：
NT.100,000 元

開朗的劉太太，像是街坊一定會有的熱心歐巴桑鄰居，幾乎不會讓人想到這幢活潑時尚的小豪宅，其實是她一手打造的。「這其實是我姊姊的房子啦，她想要回來探親有個自己的地方可以住，如果暫時在國外，也可以將房子出租，多收一筆租金。」長年居住國外的姊姊不方便打點，全權委託給退休在家的妹妹，「她一年有三、四個月在台灣啊，當然希望住舒服點囉！」

雖然外表看不出來，但是劉太太其實很喜歡blingbling可愛的小東西，可惜家人不太能欣賞：「我兒子嫌我品味很ㄙㄨㄥˊ，要我去問設計師。」劉太太有些得意地說：「結果設計師也都用我選的顏色和東西搭啊！」於是在設計師的協助下，這個小小的空間以夢幻的白色傢具為主調，和閃耀著華麗光輝的水晶燈，充分表現了劉太太的少女情懷。

購買冷氣前細思量及比較

不過遇到純粹功能性的東西，劉太太馬上表現歐巴桑精明本色：「開玩笑，好歹我也是老闆娘，怎麼可以不會算？人家說現在要用變頻的才省電，但是這個房子需要三台冷氣，不便宜ㄋㄟ～所以我本來想說用窗型的就好，現在窗型也有變頻的啊，我家客廳也有一台，大聲是大聲，看電視又沒人注意冷氣聲音，俗擱好用嘛！

⊙ 以夢幻的白色傢具為主調，和閃耀著華麗光
輝的水晶燈，充分表現了劉太太的少女情懷。

結果因為新蓋的房子沒有留窗洞，特地打洞怕破壞
防水也不划算，所以也就不考慮了。」

　　「我們有做天花板，所以我還有問那種藏在
天花板裡面的吊隱式冷氣耶，結果出風口還要另外
加錢，也沒比較便宜，繞了一圈還用了掛壁分離式
冷氣。」只是分離式冷氣也不是只有一種，精打細
算的劉太太，本來認為既然有一對多冷氣，一台室
外機接三台室內機，省了兩台室內機，總該比較便
宜吧？「結果空調行的老闆跟我說要做一對一，說
這樣壞一台才不會全部都壞，哼，哪有人還沒裝就
在說壞掉！」

　　不過老闆這麼說是有道理的。一對多的定頻
機室外機內部有多個壓縮機，而變頻只有一個壓縮
機，但的確只要故障發生，整個冷房系統都不能
用，只要機器就有壞的可能，一定要考慮日後維修
的方便性。而對於冷氣效能來說，只開一台的情況
下，因為 1 對多啟動的基本功率較高，因此比 1 對
1 稍微耗電，但在開啟多台的情況下則比 1 對 1 省
一點，但其實就變頻來講不會差很多，價格也差不
多，選擇上還是以維修和空間考量為主。

　　「我一聽覺得還蠻有道理的，不過我們那麼

⊙ 生活工場 collection 深色緞面床組，營造時尚奢華氣氛

⊙ 系統櫃廚房中島加上檯面就可以作為吧台或餐桌。吧台高度 85cm～90cm，兩人對坐面寬至少須 75cm。

小的房子外面放三台室外機不大可能，所以結果是選 1 台 2 對 1 和一台 1 對 1。」劉太太頓了一下，有點神秘兮兮的說：「不過啊，臥室那台是定頻的喔！」。咦？定頻的不是比較耗電嗎？怎麼會用定頻機？「變頻機太貴了，空調行的老闆就問了平常這個房子裡的人最常待在哪裡、哪邊冷氣會開比較久。因為來這裡大多待在客廳，而且臥房也沒有西曬，不會熱到睡覺冷氣開整晚，所以就規劃用定頻機，厚～省快要一半ㄋㄟ～」

工班之間要相互協調

　　看著美美的掛在牆壁上的冷氣，劉太太說：「都沒有露出線喔，那時候我說不要讓線露在外面，叫木作師傅來幫我包好，就特地叫工班都來我這邊『開會』，看怎樣牽比較省銅管，比較好包；你們都沒看到，其實還蠻複雜的喔，還好師傅都有做記號，他們互相認識也比較會連絡確認，我都不大需要盯。」劉太太滿意的點點頭：「有沒有做得很漂亮？」

　　對於自己發包裝潢，劉太太覺得，最重要的是選擇可以信賴的工班。「自己發包本來就不難啦。」由於家族本身也是從事和裝潢材料相關的工作，幾個工班是熟識的老朋友，在專業上給了不少建議：「要多和人家聊天啊，撒嬌一下師傅都很願意幫忙的啦～」這位有個少女心的歐巴桑笑著說，只要多請教，大部分重視信譽的師傅都會給予中肯的意見。「不過想要弄得美美的還是得靠自己多努力做功課啦！」那麼「客戶」對她精心打造的美屋評價如何呢？劉太太得意地咧嘴一笑，和她發光的金牙一樣燦爛：「親戚朋友現在都叫我『顧問』，要裝潢都來找我呢！」

⊙ 系統櫃打造的書房兼客房，窗下的收納櫃放上軟墊就是適合閱讀的臥榻。木作窗簾盒內同時隱藏著冷氣管線。若冷氣安裝在矽酸鈣板等木作牆面上，由於不一定能剛好鎖在角材上，後面要加6分厚夾板增加承重力，掛壁電視也是一樣。

⊙ 油漆彩牆取代壁紙，花費實惠又好維護或更換。

⊙（右圖）無櫃門的走入式衣櫃／更衣間，與臥室的半透明隔間門增加空間的通透感。

☑ 不一定要用名牌

一般來說，除了有些運轉聲音較大，平價冷氣性能上並不會有太大不同，特別是技術成熟的定頻冷氣。很多知名品牌都是由二線或三線品牌工廠代工，而不少代工廠自有品牌的冷氣使用與名牌同級的壓縮機，例如冰點幫 panasonic、聲寶等品牌代工，良峰用的是 Panasonic 壓縮機、華菱則是三菱電機的壓縮機。名牌冷氣如大金、日立、panasonic 等管銷費用高，服務據點多，報修、保養可能比較快速，但二、三線品牌也有經營服務的，只是沒有廣告知名度低不見得品質較差。

圖片提供_朵卡設計

⊕ 不一定要用名牌冷氣，二線品牌只是沒有廣告知名度低不見得品質較差。

☑ 中古冷氣繼續用

現在冷氣很貴，覺得舊冷氣還好好的，想要帶著走，省一筆開銷，可以請空調公司來拆洗，到新屋安裝；預算低還可先配合預定安裝冷氣位置的留管線，銅線開口先用燒焊方式封起、排水管開口纏起來，再用木作封住，不過要記得再次打該使用前一定要先試水。

☑ 冷媒管其實也可以用舊的

如果舊冷氣是用 R22 冷媒，裝換新冷氣想省銅管的錢，有些人會乾脆延用舊管，有些品牌機種容許這樣使用，只要管壁大於 0.8mm。但必須注意兩種冷媒千萬不可混用，一時沒反應，幾個月之後壓縮機就會掛掉救不回來了，因此中古屋更換機器時，若想要保留原有的管線，一定得將舊冷媒用專用藥劑高壓清洗乾淨才能使用，並且施工確實抽真空。清洗舊管的費用約 NT.2,000 ～ 3,000 元，如果用的冷媒管不長，其實直接換新管就好了。

☑ 遮雨棚視機型才裝

分離式室外機不用裝遮雨棚，而窗型冷氣則最好要裝。冷氣機的設計其實都可充分抵擋日曬雨淋，而雨水還可以將散熱鰭片上的灰塵洗去，但窗型冷氣是直接在牆上開口，機器與牆面的接縫大，為了避免漏水，還是別省裝遮雨棚的費用。

圖片提供＿朵卡設計

☺ 為了讓冷氣省電，門窗緊閉是一定要的。

☑ 聰明使用省電不難

A. 冷氣，特別是變頻冷氣，必須要全室達到設定溫度，才會進入低頻運轉狀態，為了迅速讓室內溫度快速均勻降低，門窗緊閉是一定要的，另外可以配合電扇使用，例如具有送風效果強的循環扇，將冷空氣送到冷氣不易吹達的角落，可以有效提高冷氣的功效。

B. 配合其它隔熱設施，例如窗簾、窗戶隔熱膜等等，減少熱源的影響，否則冷氣都被抵消了。

C. 勤快清洗入風口濾網，約兩、三周清一次，常保入風口通暢，也能增加冷氣效率。

D. 冷氣建議最佳溫度設在 26 ～ 28 度之間，而設定溫度每提高一度約可省電 6 ％。

☺ 配合其它隔熱設施，例如窗簾、窗戶隔熱膜等等，減少熱源的影響，即可聰明省下電費。

圖片提供＿朵卡設計

冷氣種類知識大補帖

Ⅰ. 變頻和定頻的省電能力

談到省電能力，第一個想到的當然是變頻這個關鍵字。傳統冷氣的壓縮機轉速固定，也就是所謂的定頻冷氣，依靠壓縮機的運轉與停止來控制室內的冷度，室溫還未到達設定的溫度時持續運轉，到達時壓縮機便停機，不再送出冷氣；而變頻冷氣則是經由供電頻率的變化來調整壓縮機的轉速，還不冷的時候轉快一點多送一點冷氣，到達指定溫度後就以較慢的轉速，也是較低的供電來維持室溫，等溫度回升後再加快轉速。

除了轉速調整帶來的節電效益外，定頻機停止運轉再啟動時所需的電流量約是運轉時的 4～6 倍，每次再啟動無形中會耗掉不少電，相對來說持續運轉的變頻機自然就省電許多。

除了省電，變頻冷氣還有恆溫、安靜等好處，不過容易讓人忽略的是，「省電不一定省錢」。節能固然等同於電費降低，但是對錢斤斤計較的人應該再看看初期的建置成本，變頻冷氣的價格和安裝費用可是比定頻機高出一截呢。考量每個室內區塊使用冷氣時間長短及習慣，參酌省電效益和構機成本，有些可能不常有人在、每天開冷氣不超過兩小時的房間，在預算不足的情況下，不一定非得用變頻冷氣。

Ⅱ. 窗型冷氣

窗型冷氣真的很便宜，但運轉噪音高，定頻的不用講，變頻壓縮機的聲音也會依壓縮機馬達線圈與機構不同而有差異，沒有好的壓縮機，就做不出靜音度夠且性能高超的變頻窗型機。目前擁有變頻窗型機的除了日立之外，還有 Pana、東元、聲寶、良峰……等等，因為技術的落差，影響靜音表現的評價頗大。想裝窗型冷氣，除非原來有冷氣孔，否則為了省機器的錢而打牆其實並不划算。窗型改分離式，要將原有的冷氣口封起，必須找鋁窗工班做室外用鋁板，並且打矽利康防水。

Ⅲ. 冷暖氣機差在哪？

一機二用型的冷暖氣機只比冷氣多「四通閥」，由於是空調系統，不會像一般活動式暖爐熱得那麼明顯，而是會讓空間內溫度均勻一致，220V 電源安全性較各種電暖爐好得多，也不像煤油暖爐那麼容易導致口乾舌燥，整體舒適度高。冷暖氣跟冷氣一樣，效能發揮跟安裝是否完善有不小的關係，回風空間沒抓好，暖氣的溫度偵測不夠精確，暖房效果可能會打折。

Ⅳ. 冷氣漏水了！問題出在哪？該怎麼辦？

常見的冷氣漏水原因有三種：

● 排水管和冷氣機的接頭處未密合，水由此處漏出。

● 排水管洩水坡度不夠，水無法快速排除，積水的水壓使得機器和排水管的接頭的膠帶的承受不住，從此處漏水。

以上兩種情況的解決方式就是請冷氣師傅來把接頭接好、管線角度調整固定好就可以解決。

● 排水管堵塞，造成和前項一樣的積水情況；如果不是陳年水垢，就是原本阻塞，定期清洗冷氣時也要請師傅通一下水管。這些情況只要在一開始安裝時有進行試水就可以避免這些問題了。

Ⅴ. 冷氣的保養

冷氣除了要定期清濾網，得用專用藥劑清洗室內機和室外機，依空氣品質的差異清潔頻率不同，原則上每過一到二年就該洗一次，冷暖機種可能要更頻繁；市面上有 DIY 冷氣清潔劑，但只限於室內機，室外機還是請專業冷氣空調技術人員清洗以免造成機器損傷；冬天不使用可先清洗乾

圖片提供 _ 朵卡設計

⊕ 有請泥作工班時，也可以將舊窗型冷氣孔用磚封起。

淨，再用防水的套子罩起來。舊的室外機或窗型冷氣發現生鏽時，先用鋼刷去除鐵鏽再用紅丹漆（油性防鏽底漆）漆上即可。

VI. 全熱式交換器

全熱式交換器是現在越來越普遍的換氣設備，高樓、鄰近大馬路沙塵多，或和鄰居棟距太近而通風差時，能將室外新鮮空氣導入。全熱式交換器管徑大，約 4.2 吋 X2 吋（一般冷氣 2 ～ 3 吋半），因此必須要穿樑才不會讓天花板太低，現在大部分新屋都有預先在樑上打洞方便屋主，但若是沒有留洞，就必須繞過樑或用木作包，比較占空間。全熱式交換器有溫度調節的功能，但冷房能力不如冷氣，通常都和冷氣搭配使用，裝設時冷氣應該盡量接近全熱式交換器的出風口。

☹ 裝設時冷氣應該盡量接近全熱式交換器的出風口。

圖片提供_朵卡設計

7. 吊隱式冷氣

公共場所常見的吊隱式冷氣，由於出風口可以和天花板做在一起，看起來比較具整體感，也逐漸被用在居家裝潢。其實吊隱式冷氣因為可以多設出風口，都是大面積使用，但比起掛壁式冷氣，除了室內外機，還需要集風箱和出風口，天花板起碼要 40cm 高才能容納機器和管路，建置成本是比較高的，如果面積不大，掛壁式冷氣是比較經濟的選擇。

⊙ 吊隱式冷氣由於出風口可以和天花板做在一起，看起來比較具整體感。

圖片提供_朵卡設計

冷氣工程發包時小叮嚀！

1. 冷氣要按照預算、使用頻率、室內面積選擇不同機種和噸位。
2. 家電空調行或是大賣場的銷售人員都很會幫你算適合機種和噸位。
3. 安裝必須要找有證照的合格廠商才有保障。
4. 分離式冷氣施工牽涉到木工、水電、冷氣三個工班，最好一次找來當面協調。
5. 安裝完除了抽真空也要試水喔！

圖片提供_朵卡設計

⊙ 牽冷氣管線到戶外必須在牆壁上洗洞。

裝潢一定得做木作嗎？

重點式的木作，
省錢又有好風格！

傳統木作範圍包括「天、地、壁、櫃」幾乎涵蓋了室內裝修的主要部分。木作人工的費用很可能比材料費還高，因此小錢裝修的第一要點就是省卻不必要的木作。然而在某些特殊情況下，木作卻是難以取代的。

發包
常見疑問

Q：裝潢是不是就是得找木工施作呢？

A：傳統觀念裡「裝潢＝木工」，早期的裝潢幾乎全由木工施作或由木工工頭統包，但隨著人工成本的增高，木作因為完全純手工施做，所以成本也越來越高，因此裝修要省錢、要省事，一定得要從木作動腦筋。除了木作天花板一定要木工施作以外，地板可以找專業的地板公司、隔間可以找輕隔間廠商、櫃子可以用系統傢具、活動傢具代替，多用替代性建材、選擇性變得更多，木工已經不是裝潢的代名詞了。

Q：裝潢好的房子常常有刺鼻的「新房子味」，據說是來自於木作散發的甲醛；木作是否真的多甲醛、高汙染？

A：天然木材本身就有一定比例的甲醛存在，而一般建材中的甲醛則是來自於作為接著劑的黏膠當中，例如強力膠。木作主要的材料夾板和木芯板，是由一層層薄木皮膠合而成，但是只要選擇通過我國標準F1等級的環保板材就沒有這方面的疑慮。然而木作如果表面需要貼美耐板或是塑膠皮，還是會用到大量的強力膠，可以盡量選用不須再貼皮的板材，例如已經貼好皮的波麗板，就和系統櫃差不多。不過目前木作在工法上，一定會用上強力膠，而不含甲醛的環保膠接著力弱、容易脫膠，不受木工師傅歡迎，因此木作用膠的甲醛還是不可避免。

Q：木作比系統櫃貴嗎？

A：不一定。木作貴在表面上漆和貼皮，而作工越複雜細緻人工費用當然也就越高。如果只單純無表面處理、形狀單純的櫃子，例如一座不含門的240公分高雙開衣櫃的桶身，價格其實只比同樣大小的系統櫃桶身貴一點點而已。

Q：木作如何省錢？

A：木作貴在人工，越複雜精細工資越貴，特殊少見的作法因為師傅不熟練所以也會高估。因此避免曲線、曲面、花樣門片和特殊設計（例如架高地板的收納機關），單純的櫃體就沒多貴。木作櫃預算有很大一部分是在表面處理上，木工貼皮的工錢或油漆噴漆都不便宜，如果用不需另外表面處理的材料，例如波麗板，就可少掉一筆費用；用波麗板作為桶身，而需要質感、精細處理的門片改用大量生產的IKEA門片或是實木門片，也是個省工錢的方法。

如何看懂圖面？

說明：和系統櫃不同，木作和屋主接洽的幾乎都是手藝傳承的師傅，幾乎都不出圖，因此你無法知道自己的需求和師傅腦袋裡的一不一樣，也不能用模擬圖看到成品可能的樣子，這時一定要盡量和木作師傅溝通討論，傳達你的想法，而最好、最具體的方法，除了自己畫圖，就是找你希望達到成品的圖片給師傅看，最好是實際存在的傢具，例如想要鄉村風，可以找美國居家品牌 pottery barn 網頁的圖片，連尺寸和立面圖都有，直接拿給工班照做就不會差太多。

圖片提供 _ 朵卡設計　攝影 _ 高先生

☺ 舊房子原有的神明桌，屋主特地丈量且拍了照片，請木工師傅照著原尺寸與照片施工。

如何看懂估價單？

明　　細	費　用
客廳包冷氣管 12.5*1.5 尺	5,000
補冷氣孔	1,200
廚房天花板 11*8 尺	8,500
走道天花板 15*4 尺	6,000
小孩房包冷氣管 10*1.5 尺	4,000
書房包冷氣管 11*1.5 尺	4,400
客浴天花板 5.6*8 尺	5,000
主浴天花板 5.6*6.5 尺	4,200
主臥包冷氣管 11*2.5 尺	6,600
木織門片 *6 片（書房、小孩房、儲藏室、主臥、主浴、客浴）（一片 5,000 含一般五金）	30,000
主臥矮櫥櫃 7*2.7 尺	24,500
衣櫥 7.7*8 尺	48,000
鐵籃 90cm*6 個	4,800
小孩房衣櫥 8*5 尺	30,000
鐵籃 90cm*3+45cm*3	4,800
兩衣櫥門片安裝含五金（西德緩衝鉸鏈）	3,500
合計	190,500

挑對師傅及板材美化你的家

1. 親自看過施工品質：木作工班不像冷氣和水電，有固定店面在住家附近可找，通常都是口耳相傳，工班水準不容易確定，最好透過曾裝修的親友介紹，或可以在鄰居裝修時，詢問並前往工地了解工班施工品質。另外，有完工能力的師傅往往不收訂金，或是收很少訂金，要求大筆訂金的工班可能不太能信賴。

2. 要有接工能力：木作和許多工序相接，有時還必須同時施工，像是包覆冷氣和水電管線；好的木工師傅都有很強的串連、協調各工的能力，替屋主分憂解勞，因此不少統包，甚至設計師是木工出身；木工師傅一人一天工錢約 NT.3,000～3,200 元，如果太過低價，就可能沒有接工、完工能力，擺爛落跑的可能性高。除了在估價場勘時讓必須銜接配合的工班當面協調，不妨也趁機看看木工對於這些部分有沒有概念，打算怎麼作等等。

3. 木作天花慎選板材：居家裝潢天花板，木作還是主流，板材從早期的蔗渣板、三夾板、夾板，到現在最普遍的是防火的矽酸鈣板，優點是防火、防潮，不易變形且質輕。市面上常見拿來魚目混珠的氧化鎂板，雖然也防火，但並不抗濕氣、易變形，質地鬆脆多粉塵，並不適合作為天花板和輕隔間用板材，因此十多年前因為便宜流行過一小段時間，後來就逐漸不被使用在天花板上。

施工流程

木工進場前，水電或冷氣已先把管線牽好。在施工前木工和前一個工班必須先協調管線走的位置。

木工進場，釘支撐天花板角材。

居家裝潢用的矽酸鈣板，主要產地來自日本和台灣，日本「麗仕」（LUX）是知名度最高的品牌，較為輕薄且韌性強，3 尺 x6 尺、厚度 6mm 的板子一片約 NT.350 元，連工帶料施作平釘天花板一坪 NT.3,000 ～ 3,400 元；國產也有打著麗仕名號的商品，不過並不是同一個廠商出品；國產另一個大牌子「南亞」同尺寸一片約 NT.250 元，但較為硬厚，木工師傅普遍認為較難施工，價格便宜多用在公共工程。

市面上尺寸還有 60×60cm、90×180cm、120×240cm，厚度 6 ～ 12mm，亦有造型浮雕款式可選用。為避免買到不肖廠商仿製品，記得向工班確認板材產地和有無合法認證及流水號。

4. 矽酸鈣板天花板，接縫預留 4mm 空間：

施工方式為以角材為支架，釘覆矽酸鈣板，角材間距不可太大，否則支撐不足天花板容易變形，一般約為 30、36cm（等於 1 尺 2）；天花板邊緣可加裝線板以隱藏線路或裝飾，最後由油漆工班批土上漆。批土油漆另屬油漆之範圍另計。為了避免批土和漆面因板材的熱脹冷縮或震動而龜裂，板子與板子、與泥作牆面之間都得預留約 4mm 的空隙，讓油漆工班在批土前先在縫隙上 AB 膠。

圖片提供 _ 朵卡設計

⊙ 矽酸鈣板施作時必須預留約 4mm 空間。

用矽酸鈣板把冷氣管線包起來。　　繼續釘天花板　　木作天花板完成，之後由油漆工班補土上漆。

本單元圖片提供 _ 朵卡設計

5. 架高地板找木工：舖木地板，如果是平舖或直舖，大部分地板廠商會較木工便宜許多，因為地板廠商進貨直接、工較簡單，地板師傅的工資較木工低，因

為熟練速度也比較快，可以詳閱本書地板篇（p178）。如果要舖架高地板，如和室通舖、有隱藏式收納，可以找木工做，一般地板公司遇到要舖架高地板，也是請作架高地板的木工師傅施工，如果有這個需求，可以都由你的木工師傅集工施作，舖 4 分底板、架高 5cm 為 NT.4,000 ／坪，地板材料另計；如果想做像日本節目上看到的地板收納，因為工很多，絕對所費不貲，帶來的便利和花費可能不成比例，想省錢的話不建議訂作。

⊙ 架高地板必須由木作師傅來施工。

圖片提供＿築卡設計

6. 輕隔間牆亦可用木作：木作輕隔間牆作法和天花板類似，用角材架出結構，外面釘覆矽酸鈣板。牆面如果不夠穩定，容易因此造成邊緣隙縫的補土和漆面龜裂，有的師傅會多下一支角材來讓牆面不晃動。如果要在輕隔間牆上掛重物，例如冷氣、電視，必須在預定裝設支架的地方，另外釘上六分以上的木芯板補強。輕隔間牆中間會塞隔音材，通常是玻璃棉或岩棉，岩棉的效果較好，但輕隔間的隔音效果還是不如泥作牆。

7. 木作要漂亮，油漆很重要：木作櫃的表面處理有貼皮或噴漆兩種，貼木皮則得上保護漆，可見油漆是決定木作外貌的最後一道工序，師傅釘得再漂亮，沒有相當品質的漆工也看不出應有的質感，好的油漆工班不能省。若板品質好，油漆補土和噴漆就不需要太厚，單價較高的實木不貼皮只上一兩層原木油即可，別讓厚厚的噴漆浪費了木材自然的質地。

8. 留收尾預算：在怎麼努力找工班、做功課，也很難確定是不是真就是手工好有職業道德的師傅，這點就算同在裝潢業內的人也很難保證；有些工班兼統包，多收一兩成並不是單純的佣金，而是應付突發狀況的預備金，真的出問題做不完，統包還得負責找人完工，這樣就有錢可以收尾。天有不測風雲，自己發包可以比照辦理，建議可預留約 10% 到 15% 的預算作為預備金。

9. 木作還可以做更多：木作除了天地壁櫃，也可做些較周邊的相關服務，例如鋪新地板，因為墊高得鋸門片，地板廠商也是送到外面的木工廠鋸，這時可以請在家裡施工的木工做；如果有牆面打算貼裝飾用的磚片，例如文化石，也可以找木工用矽利康貼，一樣會上填縫劑，價格並不會比泥作貴；修改、修理廚櫃、室內門片的五金、絞鏈、滑門軌道、門片鎖頭等等；當然也包括重貼美耐皮等木作修繕。

圖片提供 _ 朵卡設計

⊙ 為了與老社區環境配合，對外窗戶還是實木窗框，窗櫃也是仿舊穿插錯落的線條設計，而且還是傳統上推式開關，但房內卻是道地的鄉村風格，木作的線板白色電視櫃，容量大也很美式風格。

10. 不做死木作櫃更靈活：過去木作櫃都是釘死在牆壁上，現在其實可以事先和師傅說好，做成可移動的或是可拆裝的，只是拆裝可能還是得由木工來進行。

圖片提供 _ 朵卡設計

⊙ 由木作訂製鄉村風隔間拉門和天花板。

木作與彩牆
打造個性舒適宅

攝影　Yvonne

Home Data

屋主：高先生＆高太太

高先生喜愛中國古玩，由於工作關係還對風水頗有心得，高太太則嚮往歐式古典風格。差異，就是生活中最有味道的一部分。

所在地：新北市林口區

屋齡：5 年

坪數：38 坪

格局：三房二廳

家庭成員：
2 大 2 小

尋找小包時間：
2012 年 2 月～ 3 月

正式裝修時間：
2010 年 8 月～ 9 月

木作裝修費用：
NT.200,000 元

　　上了電梯進入高先生位於 10 樓的住家，迎面便看見中式窗花與白色格柵下那尊笑口常開的歡喜佛，主人的喜好一目瞭然，也讓來客一眼就留下深刻的印象。

木作 + 現成窗花的玄關屏風

　　「我不是風水專家，但因職業關係與風水大師多有接觸，其實「穿堂煞」不是狹義地指看窗對大門。台灣公寓空間都小，房子又首重明亮、空氣流通，大門正對窗戶很常見，穿堂煞也不必完全隔絕。門口的復古屏風玄關，是從大陸找來的木質窗花，請木工固定後再以木條隔柵加寬，最後擺上歡喜的彌勒佛，不僅考量風水，而且一進門迎接的就是笑口常開的彌勒佛，不開心也難！」高先生笑著解釋他如何用木作與現成窗花巧妙地避開了穿堂煞。已經不是第一次裝修房子的高先生十分清楚若要減低預算，一定要從工資高的木作著手，但又擔心木作太少、太簡單沒有工班願意承包，因此藉著李曜輝設計師的現場付費諮詢，比過價之後就發包給朵卡設計一起帶來的木作工班。

　　「李設計師的付費諮詢很另類也很有效率，他不僅會在現場貼膠帶放動線，也會依據屋主的需求，將各個工班叫到現場一一解釋施工項目和工序間的銜接細節，這樣除了方便工班估價，我也比較容易比價與發包，監

工也就一併拜託李設計師了。」

中國風與歐風相遇

　　屋主高先生與高太太對於擺飾及藝術品的喜好截然不同，高先生偏愛中國風味濃厚的古董工藝，高太太則期待居家能瀰漫著低調奢華的歐式氛圍。看似會有「排擠效應」的極端品味，最後在朵卡設計師邱柏洲的協助規劃下，成就了中西合壁的溫馨居家。

　　最初，他們有各自的喜好與堅持，在邱柏州設計師的建議下從不同風格的設計書籍中尋找兩人都能接受的折衷方式，終於，一本「Laura Ashley」的目錄讓他們看見了理想的居家風貌——他們希望自宅能以歐式風情為主，再少去部分的鄉村味。

　　一入門便能看見品味妥協之下的別緻成果：古老的木質窗花搖身一變，成了兼具風水考量，時尚的東方復古屏風。門口配合樑的厚度做了45cm的整面收納櫃，美式線板的典雅風格下，鞋子、衣帽、雜物，甚至高爾夫球具都收得整整齊齊。屋子整體十分明亮，刻意避免金屬、玻璃或鏡面材質的冷硬、深沉，盡是溫暖柔和的色調；粉藍的起居室主色、配上餐廳的橘黃南瓜湯色，L型的綠色轉角沙發，正好將區隔兩個空間，讓客餐廳彼此互為腹地，也讓視角更加寬敞。

⊖ 中式窗花、白色格柵與笑口常開的歡喜佛，讓來客第一眼就留下深刻的印象。

⊖ 木作接上特別挑選的窗花作為屏風，兼顧風水又搶眼，深具個性。

圖片提供 _ 朵卡設計

圖片提供 _ 朵卡設計

木作打造時尚神明桌

⊙ 走道天花板和樓板之間預留約有 50cm 的儲物空間，特地請木工師傅加上夾板增加強度，再透過裝設嵌燈的維修孔就可輕鬆取放物品。

說到神明桌，常見的多是在時尚融和古典的新中式風格房子裡吧？但喜歡英式古典的高太太可沒打算妥協。為了能和高先生收藏的奇石古玩搭配，室內置物空間以線條簡潔的白色系統櫃為主，部分採用 IKEA 鄉村古典風格門片。工期短的系統櫃雖然方便，但還是有其限制：「神明桌必須符合特定尺寸，系統櫃很難完全配合，現成的也找不到看起來不突兀的。」這時，能完全量身定做的木作便派上用場，除了不浪費一絲空間的收納設計，金色邊框和夾紗玻璃都具有手工製作的精緻感，充分表現木工的靈活特質。

談起屋裡各式骨董和民藝雕刻的收藏，高先生眼中更是閃閃發光，「當然不能沒有這些寶貝的位置，我先生還想把全部都拿出來放呢，但是看起來太雜了，當然不行。」高太太笑著抱怨；沙發後的格狀展示吊櫃讓屋主的收藏有了家，活動的隔板還可隨著展品大小變動。

「自己的家自己發包，每一段都有自己的心血，真的看來看去還是覺得自己家最耐看！」高先生送我們離開時，為這段訪談做了結論。就算已經不是第一次裝修房子，發小包對高氏夫婦來說仍舊是獨一無二的經驗，想要完成自己夢想中的住宅而決定嘗試自己動手，兩種品味與風格的交錯之間，所有的來客都看見另一種可能性。

⊙ 系統櫃身搭配 IKEA 門片。

攝影 _Yvonne

⊙ 木作將冷氣管線藏起來，下方還可作為窗簾盒。

攝影 _Yvonne

⊙ 這座系統櫃打造的格狀展示吊櫃讓高先生的收藏有了家，活動的隔板還可隨著展品大小變動。

攝影 _Yvonne）

攝影 _Yvonne

⊙ 女兒房間牆壁以油漆彩牆替代壁紙。

攝影 _Yvonne

⊙ 線條簡潔的白色櫃體，有別於傳統神龕的民俗風格，和白色的歐式古典傢具擺在一起便不顯突兀；為了讓神龕表現出莊嚴感而選擇的金色邊框，和傢具帶來的華麗感意外和諧。

攝影 _Yvonne

⊙ 主臥室用輕隔間及拉門做出一走入式收納空間。

設計師小錢裝修秘技

☑ 超低度木作

裝修要省錢，一定得要從木作動腦筋。木作常佔裝潢超過一半的比例，若天花板沒有雜亂線路就無須再做木作天花板，冷媒管可以走樑近壁，木作以包樑或假樑的方式一樣可以遮住冷媒管。這樣可以大量縮減昂貴人工的木作；有時亦可做局部天花板，不僅可以整理線路於其間亦可造成高低視覺設計的趣味：臥室衣櫥盡量用較低廉成本的系統傢具取代繁複訂做的手工貼皮木作衣櫥，用制式的收納櫃取代訂製品、這樣的系統衣櫥預算只要木工的 1/3 便可以達成，而且還省了門片油漆的費用，因為系統傢具不用上漆，東省西省，就可以省下不少錢。

圖片提供＿＿設計

⊖ 用系統櫃取代木作櫃的更衣間。

☑ 木作桶身、IKEA 門片

門片和抽屜是木作的兩大錢坑，如果想要有造型如鄉村風裝飾，或是鋼琴鏡面烤漆，價格絕對是超過你預期的高。這時可以到 IKEA 單買門片，請木工師傅裝。專業傢具廠商做的通常比木工施作味道更對，質感也好，工業化生產單價比到府訂做低，不過要注意 IKEA 門片尺寸固定，當然不能修改，木作桶身必須遷就門片尺寸。

☑ 木作櫃身不做抽屜

木作光一個書桌抽屜都至少 NT.1500 元，如果不做抽屜，買現成的儲藏盒取代，看起來活潑有變化且更省錢。IKEA、品東西都有各種風格、有蓋或無蓋的儲物盒能選擇；衣櫃裡可將抽屜換成拖拉式的鐵籃，價格比抽屜少一半以上；另外還可以買掛在衣桿上的分類掛袋，或是像無印良品的 PP 抽屜櫃也是衣櫃分類收納的好物。

⊖ 用金屬拉籃取代木作抽屜，約可便宜一半以上。

攝影＿江建勳

☑ 善用現成傢具

一個一般尺寸的 6 尺電視櫃，木作要價超過兩萬五，表面貼皮，用

強力膠和釘槍固定；同樣的錢可以買一座全柚木電視櫃，有些可能還是榫接，特價時只要兩萬出頭。事實上室內裝潢的木工師傅和做傢具的師傅受的訓練和掌握的技術是不同的，室內裝潢大半的費用都花在到府服務的人工上，傢具還是買現成的才划算。

⊙ 貼好塑膠皮的木芯板，俗稱波麗板，能省去貼皮或油漆的費用。

☑ 減少表面處理的材料

木作主要材料是夾板或木芯板，櫃子做好之後還得經過表面處理上漆或貼皮，很可能會佔到整座櫃子 1/3 甚至到一半的預算。想省錢就找可以減少表面處理的材料，例如有種已經貼好塑膠皮的木芯板，俗稱波麗板，表面花色是木紋的波麗板常用在櫃子的內側和分隔層板，可以選外面也有貼皮的雙面波麗板，看起來類似系統櫃；或是用現成門片加波麗桶身則是質感更好的做法。

☑DIY 上漆

木作可以 DIY 上漆，就算你沒有直逼達人的知識和手藝，還是可以自己來。現在的木芯板和夾板表面沒有那麼粗糙，你可以用實木或現成的門片或檯面，櫃身自己動手刷個兩層保護漆，講究一點可以用砂紙磨一下。不過直接上漆會保有十足的木頭手感，帶點粗曠味道很有個性，不少商業空間這麼做。

☑ 木作櫃體貼皮簡易維修保養

木作美耐貼皮和塑膠貼皮，隨著時間除了因光線照射必然產生的褪色，很常見到接著用膠老化，因此邊角貼皮掀起，這時其實可以 DIY 修復，自己拿膠黏回去，記得皮和櫃子相貼的兩面都要上膠；如果覺得貼皮太過老舊，也可以自己買回來貼。

☑ 不做最省

是的，我得很囉唆的再說一遍，因為這是真理。臥室的走入式衣櫃要做滑門嗎？一條窗簾就可以達到遮蔽隔間的效果，何必花一萬多塊做門？不做最省！

⊙ 只用裝飾用的線板遮住管線，完全沒有木作。

慎選木作建材，家人健康才有保障

圖片提供 _ 茂系亞

☺ 合板沒有實木易翹曲變形、開裂等缺點，是木作工程中常用的建材。

Ⅰ. 板材

除了天花板、隔間牆以外，常見木作材料分為四種：合板、木芯板、實木板及舊木材。密集板或膠合板等系統傢具使用之材料，現在木作並不使用。

A. 合板：也稱夾板，除了三夾板，也有五層、七層。將木材順著年輪一層層剝下，壓平後按木皮紋理方向一層橫的、一層直的交叉重疊，上膠熱壓製成。沒有實木常見因紋理和特性不同隨乾濕而收縮膨脹，產生翹曲變形、開裂等缺點，強度和穩定度都高。18mm 以下可作為底板。

攝影 _Amily

☺ 木心板價格通常較合板便宜，是室內裝修主要材料之一。

B. 木芯板：又名木心板，由製做合板材料的木材剝到剩下中央木心的部分，切成長寬不等但厚度一致的木塊，上下用 3mm 厚合板夾住，上膠熱壓而成。較夾板厚，用來做櫃子。

C. 實木板：實木板材可以分為兩種，一是整塊未拼接切割的原木，另一種是拼接的集成材，都要上原木油；集成材環保便宜實惠，至少三公分厚，最便宜 1 尺 x8 尺只要 NT.800 元，用在桌面、檯面、門片等需要質感處。

攝影 _ 李永仁

☺ 實木板以整塊實木裁切而成，紋理天然溫潤，但價格不斐。

D. 舊木材：通常會被拿來再利用的舊木材都是高價木料，受到時間浸潤的特殊風味每塊都不同，且由於來源、數量都不定，價格比一般木材更貴；喜歡舊木料可以找較容易取得的門片或窗框，點綴一下就很有味道。

板材膠合熱壓所使用的膠是裝潢後空氣中甲醛來源，事實上，由於台灣氣候高溫多濕，因此就算是實木板依舊會經過藥劑處理。國內建材甲醛釋出量檢驗標準分為三級，釋出量低到高為 F1、F2、F3，F1 建材雖然最健康，抵抗蟲蛀和濕氣的效力也最低，在裝潢前務必和工班詢問板材、角材通過檢驗之等級。

II . 角材

作為支架的角材一般寬高 1.2 吋 x1.0 吋，普遍長 240cm（可進電梯的長度）和 360cm（12 尺，一樓可用）。角材的主要材料有柳安木、集成材和塑膠，柳安木生長速度快，是最普遍的角材木料，國內用的多產自印尼。若觀察角材截面頭跟尾有綠色等痕跡，是經過防腐處理較不易壞。柳安木角材分紅肉和白（黃）肉，紅肉的較不易受蟲蛀。和類似合板的集成材比起來，實木角材不需要膠合，甲醛問題較低，韌性也高一點，但集成材更不怕蟲蛀腐壞，常用在天花板。現在也有價格稍高經過防火處理的角材，進料的時候要問問師傅用的角材是否經過防腐、防火加工。

III . 線板

線板對於鄉村、古典風等裝飾性較重的風格很重要，現在已經有專門生產線板的公司，給木工工班進貨施工。主要材質有各種顏色的 PVC 線板，以及可以凹折和上漆的 PU 線板，8cm 以上的寬度一定要用 PU 材質，油漆施工才不會產生明顯的色差。PU線板價格以「尤尼爾」出品的為例：8x240cm，NT.300 ／支。

攝影 _Yvonne

☺ 二手的舊木材價格其實不比全新實木便宜，但呈現出來的效果更有味道，也比較環保。

Ⅳ.櫃體做成後，還須表面處理，處理方式有：

A.貼美耐板皮或 PVC 皮，用強力膠，有甲醛問題。

B.貼實木皮，用南寶樹脂；貼好油漆工班上保護漆。

木皮有天然材質的，上漆後看起來較自然；（人造）集成木皮顏色平均，色霧不亮；如果不想漆保護漆，其實有免染（已漆好）木皮，但單價較高也較難貼，木工師傅估價不一定較便宜。實木感重的還有皮板（3～6mm 厚），用在大面積。另外木作板封邊及細部須要彎曲的地方，用木皮不織布（2 尺 x8 尺），較大片的則俗稱 48 啦（4 尺 x8 尺）。

C.實木直接拋光，再油漆工班上保護漆或原木油。

D.上漆：木作上漆請見油漆篇（p142）

攝影 _Amily

⊙ 實木本身紋理深刻，表面上油或保護漆即可。

Ⅴ.木作 + 鐵工（西工）

商業空間常會看到鐵部件和木作合一的櫃體，其實這必須找專門細工鐵件（西工）的廠商，並且還要畫圖，真的想要做，請木作師傅介紹廠商。

Ⅵ.五金鉸鍊

在浴室櫃子的鉸鍊生鏽、衣櫃的抽屜卡住和廚房櫃門夾到手之前，沒幾個人會去注意到自家櫃子用什麼牌子的抽屜軌道和鉸鍊，在裝潢工班報價時，常有矇混過去的情況，用劣質品來降低成本，因此在木作、系統櫃、廚具和浴櫃工班報價時，請廠商標明使用的五金數量、廠牌和價格。也可以自行購買請師傅裝上去，收到報價時記得要確認。

平常使用的鉸鍊和軌道粗略可以分為一般和油壓，有緩衝

攝影 _江建勳

⊙ 木作櫃使用的鉸鍊是櫃體好不好用的關鍵，以不鏽鋼為首選。

功能的油壓五金適合給有小孩和寵物的家庭使用，比較不會有夾傷的危險；而滑門門軌支撐重量很重要，支撐重量不足，下方的滑輪很容易被壓壞。

　　木作櫃使用的把手、鉸鍊等五金材料，和系統櫃一樣，因產地和款式有不同的價格，市面上常見五金鉸鏈產地有歐洲、台灣和大陸，也有日本製的；許多系統櫃和廚具廠商標榜使用進口鉸鏈，例如 Blum 或黑騎士，因此在這部分會和花色及配件一樣給客戶選擇。木作方面，一般屋主沒有特別指定的話，常見師傅選用品質穩定且價格實惠的國產品牌，例如川湖科技生產的 HQ、King Slide 及 Kingcraft，也是蠻不錯的選擇；浴櫃等在潮濕地方使用記得必須使用不鏽鋼製的五金。

　　鉸鍊其實也可以自己量好抽屜長度和安裝位置、門板及側板厚度之後到建材行或五金材料行購買，請師傅安裝，居家維修更換一兩個也可以 DIY。

木作工程發包時小叮嚀！

1. 尋找木作工班時，最好實際看過他的施工現場或完工作品，觀察施工細膩度再做決定。
1. 木作最重要的就是屋主和木工的溝通，可以畫簡圖、拿圖片給師傅看，盡量表達你期望的成品模樣。
2. 桌子、椅子、和櫃子等傢具，能買現成的就別用木作，想省錢就少上漆和貼皮。
3. 因為木工師傅常常不出圖，屋主要確認施工細節，盡量每天監工，以免做了要改，徒增浪費。
4. 板材的等級及五金絞鏈的品質應該慎選，估價時請木作師傅或廠商標明使用的數量、廠牌和價格，建材進廠時要與木作師傅確認無誤，以免被調包。
5. 木作之後接著需要貼皮或補土、油漆，因此油漆工班的品質也會影響木作的品質。

如何花小錢就能增加空間美感？

用一盞美形燈，
讓空間質感大幅提升！

燈光的安裝通常被排在裝潢工程的最後幾個項目，一般的屋主也常常認為燈光就是買個燈具與燈泡來裝上即可，並不重要。但其實燈光是空間的魔術師，只要燈光打得好，就能讓原先簡單的空間看起來更美感倍增，是小錢裝修的絕佳利器。

發包
常見疑問

Q：燈光發包是要找水電，還是找燈具廠商？

A：大部分自己發包的屋主在燈光上偏向於由水電承做，事實上有另一個選擇，有燈光設計概念的專業配燈廠商，不見得比較貴喔！會出燈圖，配出來的燈會比較有層次感。

攝影／盧育宏

Q：同樣的燈具，為何牌價差異大，折扣多種，價格混亂？

A：燈具市場是一個折扣混亂的市場，別被折數的數字給嚇到了，重點是打折完實際價格的比較才實在，千萬不要只選擇最低折數，因為折數低不見得實際價錢是最便宜的喔！這樣大空間的折扣基本上是為了給中間商有利潤。每一個拿到目錄的中間商（設計師、水電行、燈飾店）進價不同，也都能給出折扣，因為中間商的不同而有不同的特別折扣，不同目錄牌價讓中間商一目了然知道自己的利潤有多少，所以這樣的目錄牌價折扣結構其實暗藏中間商的利潤密碼。

Q：合理價格在哪裡？該怎麼做才不會被當成盤子（台語）？

A：基本上燈具分成 2 種，一種是完全注重功能的嵌燈，一種是造型的美術燈，嵌燈是有行情可尋的；橫插式有玻璃罩的 E27 省電燈泡式嵌燈含施工約為 NT.320 ～ 370 元（工班暱稱漢堡燈），直插式約為 NT.300 ～ 350 元，施工包含安裝、挖洞；至於美術燈、垂吊燈具建議屋主到實體店面看過質感再買比較好，例如到台北市重慶北路三段燈街走一趟，或者價格折扣固定的 HOLA 特力和樂、特力屋、品東西都是好選擇。

如何看懂圖面？

燈具的迴路要確認使用的機能。

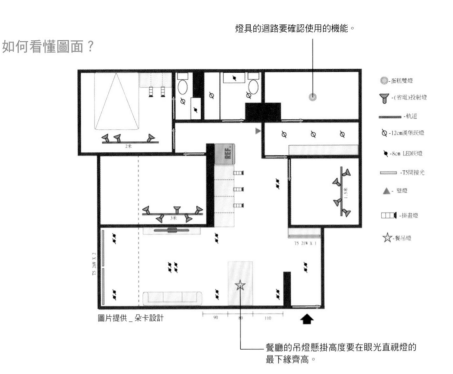

- ◎ -蛋糕雙燈
- ▽ -(省電)投射燈
- ▬ -軌道
- ∅ -12cm漢堡崁燈
- ◤ -8cm LED崁燈
- ▭ -T5間接光
- ▲ - 壁燈
- ▭▮ -掛畫燈
- ☆ -餐吊燈

圖片提供 _ 朵卡設計

餐廳的吊燈懸掛高度要在眼光直視燈的最下緣齊高。

如何看懂估價單？

項目	單價	數量	工資	小計	備註
立燈		1		0	
檯燈	1000	1	0	1000	屋主自行向燈具行購買
雙嵌燈	1300	4	0	5200	
沙發上方漢堡燈	0	2	0	0	
間照 T5 燈管	400	8	0	3200	
吊燈（餐廳）	6000	1	0	6000	屋主自行向燈具行購買
吊燈（吧檯）	1500	2	0	3000	屋主自行向燈具行購買
臥室漢堡燈	0	2	0	0	原床尾的燈移至床頭
儲物間的燈	0	1	6000	6000	原臥室的燈移至儲藏室，工資含所有燈安裝及移置費用
浴室漢堡燈	0	1	0	0	
總計				24400	

說明 1. 燈具由專業燈具工班承做時，主要電源、開關由水電負責，開工前必須分工明確。

說明 2. 一般可自行購買的活動燈具，如立燈、檯燈等，不用計算在需施工的燈光工序中。

由燈具廠商施工專業度更佳

圖片提供_朵卡設計

⊙ 專業配燈廠商會攜帶配有各式燈款的燈箱至現場。

1. 由專業燈具廠商配燈裝燈：大部分自己發包的屋主在燈光上偏向於由水電承做，但其實若能由有燈光設計概念：明滅交替、多重光源的專業配燈廠商承做，燈光會比較有氛圍，您會發現以前的舊傢具、便宜沙發、大面書牆因為不同層次的光源而變得好看異常。當然數量較少或燈款單純 由水電安裝亦可，但別忘了可以調角度的聚光光源。

2. 有燈圖更明確：燈光工程與水電工班須密切配合。現場勘查丈量時，業主除與燈光工班確認燈具的位置及想呈現的效果，更要請燈光工班繪製配燈圖，讓水電工班可以依圖配置燈具使用的線路。此外，有實體圖也可以減少業主與工班認知差異造成的爭議與不愉快，報價單項目愈仔細愈好。

3. 垂吊燈具該如掛多高呢？垂吊燈具最好離地多高幾公尺呢？太低太矮，會不會壓迫感太重？其實水晶燈雖然很漂亮，但也要考慮空間坪數及安裝高度，裝水晶燈的空間。

　　燈下最好有餐桌，即使燈吊的低，頭才不會撞到，在餐廳當然在餐桌上方，燈甚至可以低到人站起來 眼光直視燈的最下緣，大部分的餐桌我用 8 燈，若要

施工流程

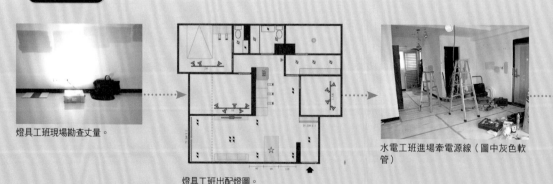

燈具工班現場勘查丈量。

燈具工班出配燈圖。

水電工班進場牽電源線（圖中灰色軟管）

燈裝的低，可用瘦高型得水晶燈，因為這樣的燈脖子長，不僅避免壓迫感，還可以拉高垂直線。

4. 用電安全也要顧 選購及使用燈具時，應注意是否貼有「商品安全標章」，並檢視廠商名稱及地址、電器規格、電壓、消耗功率 與型號等各項標示是否清楚，如對燈具是否經過檢驗合格有疑問時，也可洽詢經濟部標準檢驗局。

5. 開燈洞在油漆之前，但裝燈在油漆後：燈光實際施作前，水電先依據配燈圖裝設電源線及開關，若有鋪設天花板，則等木工釘妥天花板，燈光工班才進場挖出燈孔位置並將電源線牽至裝設定點，避免傷及天花板角材，之後油漆上天花板批土、粉刷，燈光工班再安裝燈具。

圖片提供 _ 朵卡設計

⊖ 臥室採用瘦高型的水晶燈，避開房間中央而吊在邊桌上方，可垂直拉高空間感同時避免壓迫。

木工工班釘天花板。

燈具工班拉線路。

攝影 _ 葉勇宏

燈具工班安裝燈具。

用老燈讓家更有韻味

攝影_葉勇宏

對於 Leia 和另一半來說，這間 17 坪小公寓代表的意義，遠超過一個遮風避雨的居所。為了打造理想的居家，她們選擇接受諮詢並自己發包。

忘不了去京都旅行時所住的老房子民宿，低矮的木造建築擺上昭和時期和洋混合的傢具，感覺沉靜又溫暖，因此在風格的確認上沒花太多力氣，不過這只是實現夢想的門檻。

震撼教育般的現場諮詢中，用功準備的兩人努力使自己在狀況內，卻漏了燈光的部分。屬於傢飾的主燈，被放在沒那麼迫切的後期工序裡，以為電線牽好再慢慢挑也行。兩人想得簡單，哪知完全不是那麼一回事。在設計師的巧思下，她們才發現天花板上過量的漢堡燈其實可以運用得更有效益。

專業有效率的燈具大風吹

拿著看屋時拍下的照片，再抬頭瞧瞧模樣截然不同的天花板，已沒有燈孔的痕跡。「其實方法還蠻簡單的，也不浪費，把不需要的燈移到需要的位置而已。」新的燈孔在天花板開洞取下的木片，正好拿來填補舊燈孔，就這樣移動了近十盞燈，於是本來昏暗的臥室、廚房角落的儲藏空間以及浴室的照明都不必再添購，物盡其用讓務實的 Leia 感覺很好。

Home Data

屋主：Leia

公營企業資訊部門程式設計師，興趣為動漫遊戲、閱讀、寫作及看路邊的貓，新開發烘焙技能，與一家子動物過著小隱於市的生活。

所在地：台北市文山區

屋齡：13 年

坪數：17 坪

格局：一房二廳

家庭成員：2 大 3 貓

尋找小包時間：
2010 年 7 月～ 8 月

正式裝修時間：
2010 年 8 月～ 9 月

燈光項目裝修費用：
NT.24,400 元

在還摸不著頭緒的情況下設計師與工班的對話中又出現新玩意——LED投射嵌燈。「其實不大清楚為什麼我家需要『裝飾性』的燈光。」投射燈的功能是局部加強，並非主要光源首選，礙於預算，總覺得有些奢侈了。「接到報價單之後真是十分頭痛啊，」Leia說：「光四組燈就佔了報價總額的三分之一呢。」儘管最後選擇相信專業，但她倆並未放棄尋找替代的產品。茫茫網海蒐羅許久，總算得出結論：「最大的差異在於燈殼，燈泡本身差異不大，我們衡量自己的需求，並不特別需要精緻的隱藏式燈殼。」最後，嵌在天花板上的是僅需原價格一半的商業空間用燈款。

尋尋覓覓 老燈呼應風格

決定開關的位置和切換段數後，剩下的就是決定主燈這項家庭作業了。為配合復古風格的氛圍，從工班的燈飾型錄、網路拍賣，一直尋覓到實體店家。就在苦惱著完工日即將到來的某日，經過了台北永康街火金姑工作室門前。「抱著姑且一看的心情進去，沒想到這裡整間都是二手燈，」Leia指著餐桌上方的牛奶燈罩：「我們到處找風格復古的燈具，而這些都是正港的舊燈不是故意仿古的啊！」

光的魔法

「燈具是在上午安裝，師傅說裝好了就會很想趕快搬進來，聽過去其實沒什麼實感。」抱著忐忑的心情，Leia走進黑暗的新居工地，迎接她的，是一場由燈光演出的驚喜。明亮卻柔和的間接照明帶給空間溫馨的基調，LED投射燈為空間添加了層

⊕ 空間在老燈的襯托下，更顯溫馨。

次感，使牆面及傢具的深色調更加鮮明，而 70 年代的主燈與吧台燈則是搶眼的主題。以功能分配電源開關，配合不同需求切換。「我想燈光是賦予空間質感的關鍵吧？」Leia 邊說邊關閉間照，僅留吊燈，整間屋子瞬間籠罩在懷舊的氛圍當中，伴著大同電扇，彷彿回到那單純美好的年代。「保險業務朋友來洽公時，總是抱怨我家氣氛讓人太過放鬆，無法工作。」Leia 開心地說：「這是我聽過最棒的讚美！」

☺ 玻璃膏製成乳白色燈罩，俗稱牛奶燈，常見較早期日治時代的古典壓花燈罩，這個普普風格是較晚近的產品。

攝影＿葉勇宏

攝影＿葉勇宏

玄關櫃上的檯燈。屋主預留玄關櫃抽屜空間，自行購買整理盒搭配使用，省錢又有變化。

攝影＿葉勇宏

沿用原有廚具，添設中島吧台兼電器櫃，兩盞小小的玻璃罩吊燈是氛圍改變關鍵，映襯著木片百葉窗格外有懷舊氣息。

攝影_葉勇宏

⊖ 垂吊在空間中央、與視線齊高的位置,形成視覺焦點;主燈強烈的存在感是屋裡最大的擺飾。

⊖ 屋主並無在臥室閱讀或看電視的習慣,小小的床頭燈是手工棉線球燈罩裝上低耗電不發熱的 LED 燈泡,用 IKEA DALFRED 吧台椅代替床邊桌,客人來時還能多張椅子。

攝影_葉勇宏

圖片提供_朵卡設計

⊖ 裝修前,可以看見整排嵌燈(漢堡燈)

圖片提供_朵卡設計

⊖ 拆除不用的燈,燈孔由木工補上。

☑ 聚焦式的光源提升空間質感

即使是平價傢具，經過 LED 或鹵素聚焦式光源一打，價值感就會倍增不少，這個道理百貨公司、珠寶店最知道，所以即使是小錢裝修，也別忘了 LED 方盒的 AR111 或 MR16，這些燈不僅聚焦，也因為能調角度，使得空間能夠明滅兼具、層次感才好。

圖片提供 _ 飛利浦

⊙ 裝在方盒中的 LED 燈泡，圖為飛利浦 Led mr16 7w 60d （光束角度 60 度）調光型。

⊙ 飛利浦 LED 燈泡 ar111 10w 45d 黃光尺寸較 MR16 大、較亮且瓦數也較高，通常使用在較高和廣的空間。

圖片提供 _ 朵卡設計

☑ 垂吊燈具超級好用

垂吊燈具吊在餐桌上，作為獨特的照明焦點，夜晚坐在餐桌旁周圍被黑暗籠罩，每個人的心似乎都聯繫在一起。垂吊燈的確有它的必要性，但並非一定要用水晶吊飾做成的燈，用不用水晶燈，端看房子的整體風格而定。

　　室內設計須有「強調」才能生動而引人注目，所謂「強調」因素是整體中最醒目的部分，它雖然面積不大，但卻有其「特異」功能：具有吸引人視覺的強大優勢，畫龍點睛之餘，也轉移注意力，將其他因陋就簡的小瑕疵、小毛病變得不重要了！在室內設計中可當作「強調」的元素很多：端景牆面、主題燈具、顯眼沙發都可以好好發揮，垂吊燈具為

⊙ Simon Karkov 的 Norm69 吊燈。於 1969 年的經典設計，至今歷久不衰，已經成為近代燈具設計上的代表作之一。

什麼這麼有趣、重要，其實就在強烈的「視覺強調」性，雖然為燈具，但其不僅止於照明的角色而已，因為垂吊夠低，容易與視線平行，造成視覺焦點，幾乎是室內最重要的大型擺飾，而燈具本身發光，本來就很搶眼。若是選擇得當，可以輕易加分不少，輝映空間的整體設計，若是選擇失敗，則風格失序，前功盡棄。

☑ 好窄也能有豪宅 fu 的秘密武器：水晶燈

水晶燈不是很貴嗎？這本書不是要教人省錢裝修嗎？為什麼要煞費其事的介紹水晶燈？水晶燈因為其重點的加分效果，若選的好，可以省下一堆壁飾、繁複的木作、昂貴的大理石，算算還是划得來，就像一件平價的 Net 襯衫配上 Chanel 名牌胸針，一樣可以端莊大方，佈置空間，應避免繁複圖騰或過度張牙舞爪的裝飾，但太過簡單、清淡，「自然味」是有了，但又未免流於單調，燈具因為發光的本質，本身就是視覺焦點，實在是一個迅速營造視覺焦點的省錢省事方法，想想：省下多數沒有來由的小飾品或太瑣碎的花草，因為多數這樣的裝飾本身份量不夠無法「強調」，硬要放上去，只會減分，集中預算放在一具有份量的主題燈具，其實是比較聰明把錢花在刀口上的省錢裝潢。當然你可以在網路或平價的品東西選購。

攝影_Yvonne

⊖ 美式風格，古典水晶燈。法式吊燈現在不再乏味與繁複，反因它襯托出現代線條簡潔的房間而精采萬分，這其實要歸因於極簡主義太猖狂所引起的反動。

☑ T5 燈管──不要小看日光燈！

相較於在居家及商業空間普遍使用的 26mmT8 燈管，16mm 的 T5 燈管擁有更節能、更環保的優點，T5 的光效高，光衰低，壽命是傳統燈管的 4、5 倍，汰換慢，且管徑小，節省生產過程中原物料損耗，廢棄時體積也能減量，燈管內使用固態汞，大大降低破裂後可能造成的汙染，漸漸成為目前日光燈主流。但是要真正發

圖片提供_飛利浦
⊖ T5 的光效高，光衰低，壽命是傳統燈管的 4、5 倍，是節能的日光燈。

揮 T5 燈管的效能，還要搭配合適的預熱型電子安定器，電壓輸出穩定才能避免燈管壽命縮短，不僅無法節能，還多花了汰換燈管的費用。

☑ 拉尾蠟燭 LED 燈泡 省電又有型

水晶燈，省電部分呢？以前的水晶燈大都用鎢絲燈泡，每一拉尾蠟燭燈 40 瓦 8 燈就要 40*8=320 瓦，像一顆火爐長在頭頂上，不僅熱又耗電。改用 LED 燈泡，很省電，但零售市場一個 NT.450 元，是傳統鎢絲拉尾蠟燭燈的 20 倍。

☑ LED 燈最省電？省在哪裡報你知

LED 燈泡的最大優點在於省電及耐用度。以燈泡壽命比較，傳統鎢絲燈泡約 1,200 小時，省電燈泡約

圖片提供 _ 朵卡設計

☺ 中西混搭，華麗的水晶燈與優雅的窗花互相呼應。注意看燈泡就是拉尾蠟燭造型的喔！

5,000 ～ 6,000 小時，而 LED 燈泡則可到約 10,000 小時；以發光效率而言，LED 燈泡最佳，每瓦發光效率可達 70 至 80 流明，其次是省電燈泡，一般產品每瓦可達到 57 流明，至於發光效率最差的白熾燈泡，發光效率僅為每瓦 12 流明。流明是光通量的單位，指的是每單位時間光源能發出的光，流明越高表示越亮。粗略來說，LED 燈泡只需要 1 點多瓦就能發出 100 流明，但是鎢絲燈泡卻得花上 8 瓦，

攝影 _ 楊宜倩

☺ 飛利浦 LED 螺旋型燈泡。

圖片提供 _ 飛利浦

☺ 飛利浦 LED 球型燈泡。

誰比較省電顯而易見。另外，用於聚光性強的燈具上，如投射燈，相較於傳統的鹵素燈泡，不發熱的 LED 燈安全性高，也不會影響室溫。不過 LED 燈最大的缺點為單價高，若以節省電費為目標，須考量建置費用，同樣使用時間，買兩顆省電燈泡的錢可能比一顆 LED 還低，而這段時間內 LED 省下來的電費還不見能賺回那個價差，但若是基於長時間使用（例如臥房夜燈）安全不熱這項優點便很值得投資，考慮用途才能達到預期效益喔。

燈泡、燈管及桶燈、日光燈具可在一般坊間電料行購得，價格可能較便宜；美術燈飾可於實體或網路店家採購然後請燈光或水電師傅安裝；若覺得自行採購麻煩，也可發包給專業燈具公司處理。

燈飾採買除至各大傢飾賣場（如：IKEA、特力屋、品東西等），重慶北路也有燈飾店聚集，另外在網路拍賣網站輸入關鍵字「燈飾」也有為數可觀的品項；若想要尋找特定風格或台灣製造的燈具，可往風格藝品雜貨店或骨董舊貨行尋找，或許有意外收穫。

■火金姑工作室

地址：台北市永康街 75 巷 21 之 1 號
電話：0916397432 楊老闆
營業時間：
每日 17:00 起
（時間不定，詳細請洽
店家）

在火金姑工作室
購買的老燈。 攝影 葉勇宏

■ Mr.Light 摺來疊去 創意手工燈飾

地址：台北市大安區金山南路二段 141 巷 20
號
營業時間：每週五、六、日 17:30—10:30 在
師大露天創意市集（台北市師大路 39 巷 1
號，師大夜市入口）每週六、日 14:00-10:00
在西門紅樓創意市集）

■ SEEDDESIGN 喜的精品燈飾

服務專線：0800-019-910
網址：www.seedlighting.com

■ QisDesign

銷售據點洽官網
網址：www.qisdesign.com

■平價的水晶燈商家：

1) 品東西：選擇性大概 8、9 盞，多數為蠟燭造型，少有高級的玻璃骨架，燈飾為整組套裝，不能換裝，大陸或馬來西亞進口，價格約 1 萬上下，挺平易近人的，值得一提的是，微風廣場 B1 低調奢華的千萬廁所，牆壁雖然貼滿昂貴的大理石，燈具用的也是品東西萬元出頭的 Plaza 棒條水晶燈。
2) 特力和樂：有較高級的玻璃骨架，價錢較高，有些燈飾需獨立安裝，選擇性也不多。
3) 重慶北路燈家：好處是水晶可以自由換色，或者將埃及水晶升等成 SWAROVSKI，而且選擇超多，但多家廠商使用同樣型錄，折扣卻相差甚大，建議多比幾家。

三種光源混搭，創造居家多重美感

一般來説，居家的燈光照明可分為以下三種，若能三種混搭，居家會更美。

I. 普照性光源

顧名思義就是開了之後整間都會亮、哪個角落感覺都差不多，不會哪裡特別亮或特別暗，也稱背景燈。裝在天花板的燈就是普照式光源，通常為屋內的主燈。依天花板種類不同，可裝燈款也有些不同：

圖片提供＿朵卡設計
☺ 泥作天花板直接使用吸頂燈。

圖片提供＿朵卡設計
☺ 裝在泥作天花板上的軌道燈組。

A. 泥作天花板、無木作天花板：大部分房子預留裝燈的位置都在房間的中間，但是如果空間不大，垂吊主燈懸掛在正中央的位置，空間容易往內縮，所以房子看起來變小；若在床的正上方吊燈也容易有壓迫感，因此，當燈位保持不動的時候，建議裝造型和顏色不那麼搶眼、可以融入天花板的吸頂燈；若要移動燈的位置，可以靠邊放垂吊燈具才容易放大空間。還有泥作天花板也可以使用軌道燈，同時多盞裝設範圍廣，這樣一來燈光的照度會較平均。單一主燈燈具不是很容易找到配合風格又質感佳的主燈，注意在不大的房間裡或在臥室或是空間不大的情況下，盡量避免將主燈懸掛在正中央。

B. 施做平鋪的木作天花板：可用嵌燈、大範圍間照或流明天花板：

1. 嵌燈：中古屋若已有木作天花板，可將原燈洞請木工師傅補平，再根據新的傢具配置圖請師傅挖洞配置燈具，就不用拆除木作天花板；新作天花板如需安裝燈具，與上方樓板間須預留至

少8～20公分的空間裝燈（視燈具尺寸而定）。若是省電燈泡的光源，即可裝橫插有玻璃罩的 E27 省電燈泡式嵌燈（俗稱漢堡燈的桶狀燈具）只需要 12 公分的深度；空間若不大可以在距離牆 30 到 40 公分的距離裝設嵌燈，可以將嵌燈對齊，當然嵌燈若能用聚光性較強且有投射效果的的鹵素或 Led 燈會是營造氣氛的好選擇，過去大部分使用鹵素燈，若想更節能減碳可以使用 Led 燈。

⊖ LED 方盒聚光嵌燈，可以輕易讓家裡有畫廊、飯店或高級餐廳的 fu，一般水電行很少會配這種商業空間常看到的嵌燈，可以指定或自己買來請水電師傅裝。

◎ 選購嵌燈重點

a. 燈頭尺寸： E27 燈頭、BB 燈頭、PL 燈頭。E27 燈頭放置省電燈泡式容易更換保修。

b. 嵌燈嵌入孔： 一般常用為 9.3 公分、10 公分、12 公分、15 公分。選 12 公分不會太大又可以裝得下省電燈泡。

c. 嵌燈高度： 關係到天花板高度是否可以嵌入嵌燈，橫插有玻璃罩的 E27 省電燈泡式嵌燈只要 12 公分深度就可以。

圖片提供 _ 朵卡設計

⊖ 直插式無玻璃罩漢堡燈。

2. 大範圍間接照明（光溝）： 將 T5 燈管裝設在天花板邊緣，肉眼不直視到光源，藉由天花板及牆壁的折射，光線均勻柔和，是目前廣泛運用在居家照明的方法。常見一字、L 型等，然而除非挑高天花板如 3.6 米以上，一般住家使用「回」字型的全室間照會顯得太亮。間照是光線打在天花板或牆壁上，用折射的光線照明，因此天花板的顏色及牆面平整度很重要，光打下去一點點小瑕疵都會很明顯。為避免造成色偏，一般都是採用米白色油漆，批土整平後粉刷（請見 p142 油漆篇）；光溝開口要夠大，18～35 公分左

⊖ L 型間接照明。

⊖ 流明天花板。

右，並注意燈管與作為折射面的天花板及牆壁的距離，過分靠近造成太強的側光，會使光線集中在邊邊，不夠分散柔和，也容易突顯天花板或牆面的不平整。

3. 流明天花板：天花板裡裝設日光燈或省電燈泡，透過壓克力板照明，常用在商用或辦公空間，居家使用太過死板，較適合用於衛浴、廚房、走道等區域，四週邊框可以配合風格選用不同材質，整合管線作為維修孔使用。注意壓克力板的顏色和厚度影響光線的顏色和亮度，必要時將天花板內的樓板漆白或裝設反光板增加反光度。

II. 輔助式光源

普照式光源通常都不會是太強的光線，眼睛長時間處於這種環境下，容易感到疲勞和單調，此時你需要調節室內光差、減輕眼睛負擔並且增加空間表情層次的輔助式光源。使用較有投射效果的的鹵素或 Led 燈，前面說過可以用 LED 聚光燈直接作為普照燈，當然如果已經有主燈或漢堡燈作為普照光源，可以安排幾個活動燈頭的聚光燈調整照射方向，打牆、掛畫、擺飾甚至櫥櫃都可以瞬間提升空間質感。

III. 功能性照明

做特定事情時的專用燈，大部分這樣的燈都是活動燈具（除了餐吊燈除外），為了讓你在工作、閱讀、烹調、用餐時看得更清楚更舒服，如書桌燈、床頭燈、玄關夜燈、沙發閱讀燈等，活動燈具有各式各樣的造型，和傢具一樣除了實用

⊖ 活動燈頭的聚光燈調整照射方向，打牆、掛畫、擺飾甚至櫥櫃都可以瞬間提升空間質感。

也有很重要的裝飾功能，也和傢具一樣，裝修完最後依功能需要、搭配風格再購買。

IV. 多重光源的原則，創造你家多樣表情

　　台灣家庭不常有一個空間使用多種光源、擺好幾種燈的習慣，除了孩子書桌用檯燈、床頭燈以外，每個空間幾乎只有一盞主燈，後來流行漢堡燈更是整間房子就這麼一種燈；現在流行光溝式間接照明，多數設計師會說服屋主說間照光線均勻，且因非直射所以柔和。事實上間接照明非得做天花板不可，且漆面也要較細緻，整體來說所費不貲。如果還是只用一種燈，花大錢看起來還是沒有雜誌、歐美電影那種質感，傢具也沒有賣場看起來那麼美，就是因為光線呆板的原因。就跟人有各式各樣表情才有生氣一樣，家中燈光也是要有變化才能展現氣質，即使有主要照明（普照照明），還是應盡量配置多重的輔助照明，例如以吊燈當主要照明時，

攝影＿葉勇宏

⊙ 這是裝設好的 LED 聚光嵌燈。泥作天花板可直接裝設軌道式 LED 聚光燈，IKEA 也有夾燈式、吸頂式的聚光燈。

可再輔以桌燈、立燈、壁燈、投射燈等做為輔助，才能營造不同光影的變化，豐富空間表情。

燈光工程發包時小叮嚀！

1. 決定由水電工班施工？或燈具廠商？
2. 尋找好工班？
3. 決定燈具要由自己挑？還是工班挑選即可？
4. 確定已經細看過估價單無誤？
5. 確實看懂工班的燈圖，並實際測試模擬未來使用清況無誤？
6. 談妥付費方式？
7. 談妥工班進廠時間及需要相互銜接的工項？
8. 工班建材進廠時檢查是否正確

圖片提供＿朵卡設計

⊙ 空間中要使用多種光源，看起來才有層次。

沒有錢該如何打造空間特色呢？

善用油漆，
刷出與眾不同的好空間

希望打造風格獨具的空間，卻沒有錢做木作或貼壁紙嗎？其實只要用油漆即可輕鬆打造風格宅。但漆料有哪些種類？該用什麼顏色？該如何調色？油漆時有哪些注意事項？了解這些知識，才能為居家增添美好色彩！

發包
常見疑問

Q：用什麼顏色能放大空間？

A：就科學而言，暖色系如紅色、黃色，具有擴散性，會往前跑，看起來比實際大，所以我們稱它為前進色或膨脹色。冷色系如藍色、綠色，具有收縮性會往後退，看起來比實際小些，所以我們稱它為後退色或收縮色。以明度來說，就是顏色加黑的程度而言，明度低則加黑的程度多，顏色會往後退；明度高，加黑的程度少，顏色會往前進。這樣說來，放大空間的好顏色就是明度低，類似大地色系的灰藍或灰綠。

Q：油漆該刷幾次？是不是越多層越好？

A：大家常常以為室內油漆要多刷幾層才漂亮，有的工班因此用刷五、六度來標榜作工精緻。事實上一樣份量的漆料，水加得多當然就得多刷幾層。漆面的標準應該是厚度，而不是刷幾層，室內油漆厚度應至少達 0.6mm；漆面要細緻，關鍵是批土要平整，漆料稀釋水可以加多一點，一般塗刷兩層，除非深色或是牆面受強光照射否則不需要多刷幾次。一般最常施作的是一底二度，也就是批土一層刷漆二層。

Q：為什麼牆面油漆會漆好不久後就產生龜裂？

A：牆壁漆面龜裂通常有三種情況：第一，發生在接縫處，特別是不同材質間的接縫，像是天花板矽酸鈣板間的接縫、天花板與泥作牆之間的接縫，由於熱脹冷縮和乾濕度變化而造成，要避免這種情形必須配合木作留縫，油漆批土前先上 AB 膠，有些是上中性矽利康，然後再上漆；第二，房子結構內的水泥必須約兩年的時間才能逐漸乾透，因此新成屋牆壁漆面很容易受濕氣破壞，只能過兩年後重新塗刷；第三，牆上打孔開窗，因應力的關係造成窗角牆面 45 度斜向龜裂，這時只能由泥作補強結構才可解決。

如何看懂估價單？

品　　名	規格	數量	單價	金額	備註欄
天花板刷漆	m²	82	310	25,420	批二次土
新設立天花板刷漆	m²	6	390	2,340	含接縫處理
儲藏室天花板、牆面刷漆	m²	24	190	4,560	不批土
牆面刷漆	m²	276	280	77,280	批二次土
主臥室衣櫃整理	座	1	3,500 ～ 6,000	3,500 ～ 6,000	
木門扇噴漆	樘	1	4,500	4,500	全新門扇
木門扇噴漆	樘	1	3,500	3,500	經底漆處理門扇
木門扇噴漆	樘	1	4,500	4,500	油漆處理過門扇
木門扇噴漆	樘	1	3,500	3,500	噴透明漆
仿古木門扇刷漆	樘	1	5,000	5,000	
大門噴漆	樘	1	5,000	5,000	
合計				139,100 ～ 141,600	

說明 1：門扇＝門框＋門片，門扇單位為「樘」。

說明 2：全新木門由批土等表面處理開始，因此最貴；表面有舊油漆，也必須處理才可讓新漆蓋過而不至於脫落；木門已上底漆，工班可以直接噴漆，因此最便宜。

說明 3：噴透明漆
依面積和漆料不同
價格有異。

☺ 客廳用了藍色，加上點黑色讓明度降低，減輕壓迫感，空間感覺更寬敞。

圖片提供_朵卡設計

油漆前的準備工作不可少！

1.木工先做好，天花板無裂痕：木工釘天花板時必須在每塊矽酸鈣板之間、矽酸鈣板和泥作之間預留約 4mm 的縫隙給油漆師傅填 AB 膠，而天花板必須保持平整，因此木作工班除了一定得用雷射抓水平之外，角材的間距也不可過大，天花板材免得因為重量而變形造成漆面裂痕。除此之外，線板和踢腳板的釘孔、與牆面的接縫以及不同材質間的接縫，例如木作牆和泥作牆，凡是接縫在批土之前都得先上 AB 膠，有些是上中性矽利康，避免熱脹冷縮程度不同造成漆裂；上膠等一兩天乾燥，膠乾再進行批土整平。在舊漆面上新漆，接縫處最好做適度的刮除和粗糙處理，並且上膠批土，以免因漆面過厚容易剝落。

2.保護要做好：油漆是美化工程的第一步，在泥作、木作和水電管線都搞定之後，地板、系統櫃、傢具進場之前。油漆前務必注意保護措施是否做好，要保留的舊裝潢、舊傢具和地板、門片，或是任何不該被噴到滴到的，例如預留的電源線等等，都應該包覆密實，特別是噴漆處理時漆霧會隨空氣飄散，很容易波及四週，請事先提醒工班或監工，也應約定好處理方式。

3.上漆方式有三種，塑料不可上漆：上漆方式可分為刷塗、滾塗和噴塗，刷漆質感厚實，但會有刷痕，若舊漆或原始牆面的顏色較深選擇刷漆較佳；噴漆施工快速，質感平滑細緻，缺點是補漆通常都是用刷的，刷痕在原本的噴漆面上

施工流程

整理牆面，刷掉灰塵、刮除髒汙。　　　　檢查處理龜裂及壁癌。　　　　用補土將牆面整平。

會很明顯。一般木作都是用噴漆，也有實木染色上保護漆；金屬也可以用噴漆，例如將大門噴成與牆面同色。另外，塑料材質、酸性和油性矽利康是不能上漆的，十分容易剝落；塑料上漆前需先噴塑時頭度底漆才可上一般色漆；實木傢具可以打磨上漆翻新，若表面為美耐貼皮就不可行。

4. 個性化牆面親自監工或DIY：如果喜歡些不一樣的，例如故意弄得粗糙，或是希臘地中海風格、牆面上要有紋路等等，必須在施工前和師傅充分溝通，有清楚的圖面讓師傅理解；市面上也買得到各種製造特殊效果的滾筒、海綿、造型起花器等工具，可以自行購買來給師傅使用；油漆師傅都是技術導向，不是設計師或藝術家，不能保證成品能達到你期望的效果，而有些特殊的造型漆、仿飾漆等等，師傅也不見得熟悉這些漆的性質，因此最好施作時到現場，看著師傅施工，或是乾脆就用現場的材料，自己動手一起做比較保險。

圖片提供_朵卡設計

5. 調色要在現場，不要單看色票：現場調色可以依光線與屋主的喜好來調動，大部分對顏色陌生的人單看色票，人的眼睛很容易被明度高的顏色吸引，所以挑出來的顏色，對牆面來説，可能明度都太高，因為其實牆面顏色應該是明度較低的大地色系，然後搭配明度較高的傢飾、傢具，這樣才有層次也較安全，牆色其實只是最佳配角來烘托傢飾，實在不應太跳出來。

⊙ 最簡單的仿飾漆，油漆彩牆取代壁紙，花費實惠又好維護或更換。

用砂紙手磨用砂磨機打磨讓牆面平整。

將砂磨下來的粉屑用撢子或草刷掃除。

漆刷。

本單元圖片提供_朵卡設計

現場調色才可依喜好和光線調整。

美式風格白色門片、門框和踢腳板。

6. 調色秘訣：首先挑出你偏好的色相，若你喜歡藍色，將它加上黑色，成為灰藍色，明度降低之後，成為大地色，跟著可以因為個別空間的光線差異，加上白漆，略為調整，原則上避免太深的顏色，若真需深漆，一小片還無妨，可以局部使用，深深淺淺交互運用，會有另外一番風味。另外，空間若夠大，也可以搭配另一組相對的色相，例如藍色是冷色系，其互補色系可以選擇另外一個暖色系色相，如南瓜湯色來做為另幾道牆的顏色，這樣一來空間就不會太偏冷或太偏暖，而且冷暖色系的互用能在大空間內能創造出錯落有致的感覺。

色彩試漆牆上後，可以等一等，一般來說漆乾了與漆整面之後會變深，而且牆色會因現場光線與鄰近顏色而改變感覺，這時候你可以反覆觀察與想像傢具擺置後的搭配，如何讓未來傢具與裝飾在屋內變的和諧美觀，秘訣就在於這個階段背景牆色的搭配。

當然如今在建材超市，像特力屋都提供了專業的配色卡以供電腦調色參考之用，其實也可以試試，ICI 得利塗料色彩家色卡提供將近 4,000 色，消費者可根據卡片學習對牆面、床品以及裝飾物的色彩進行搭配。

7. 是否要白色門框、門片、踢腳板：建商為了好交屋通常會用深色門片與門框，其實偏淺色的原色及白色，從門片、門框、踢腳板，有將門片隱藏的魅力，美式、鄉村風格都很喜歡用，可增加居家清爽感。不過，如果用的是不用上漆的現成門片，就不用硬把門框和門片噴成同一個顏色，因為很容易產生色差，反而不自然，這時門框應該和踢腳板同色。

8. 烤漆得進廠：烤漆顧名思義就是加了一道火烤的手續，讓漆面看起來如鏡面般光滑。不論鋼琴烤漆或汽車烤漆，都不是工班到家就地噴噴就好，而是一定要將物品送到工廠無塵室內施作，再送回屋主處打蠟，一來一往手續又多，價格不可能便宜，也很難維

圖片提供 _ 朵卡設計

護，一有灰塵指紋視覺效果就打折扣。真的喜歡鋼琴烤漆的質感，乾脆買現成傢具，或是用 IKEA 的門板，不需要擔心師傅的手藝，省事省錢。

9. 油漆的氣味：油漆本來就是化學產品，為了讓漆料好塗刷、快乾燥，不可避面的溶劑都有相當比例的揮發物質；目前普及的室內漆都使以水作為調劑，大廠牌對成分的安全性都有相當的水準，塗刷之後揮發物質持續散逸，約 7 天便可以揮發至對人體安全的濃度，因此只要別趕著漆後馬上入住，就不需要擔心汙染物的問題。

圖片提供 _ 朵卡設計

⊙ 不論是水泥漆還是乳膠漆都會有甲醛的氣味，因此居家上漆後不要馬上入住。

10. 油漆前的準備工作：

● 整理：清潔牆面，刷掉灰塵、刮除髒汙。

● 龜裂處理：裂縫淺的用樹脂補平，較大的裂痕則先切割邊緣，再用 AB 膠或矽利康填縫。

● 檢查壁癌：有壁癌情形必須先抓漏斷水，泥作防水處理完成後，刮除壁癌處，待壁面風乾，上具有防水功能的油性水泥漆，至少乾燥 48 小時後再補土。

● 補土：又稱批土，補土的成分有太白粉、石粉、石膏、海菜粉和樹脂，以北部地區來說常用品牌為三陽、雙喜、穩美，一桶 20kg 約 NT.250、260 元，有較便宜 NT.220 的品牌，但品質不穩定，價差不大還是用好一點的吧！油漆師傅所用的專有名詞，一「底」是指抗鹼底漆一次，一「度」是上漆一層，該做幾底幾度視牆面狀況而定，也影響價格，估價單上必須寫明。牆壁狀況一般，尚稱平整者，通常是 1 底 2 度，新成屋可能局部補土而已；老屋或是牆面不平、或是需要特別平整的牆面時，2 底 2 度或更多層都有，例如間接照明用來反射光線的天花板，就至少要 2 底，否則近光一打很容易看到瑕疵。

用色彩為空間
帶來豐富的表情

圖片提供◎朵卡設計

Home Data

屋主：宋先生＆宋太太

沉靜的宋先生和宋太太都是中醫師，家裡還有個可愛的小朋友。雖然喜歡美式居家風格，但由於職業的關係，對於中國風也很有感情。

所在地：台北市文山區

屋齡：1 年

坪數：24 坪

格局：
二房二廳改三房二廳

家庭成員：2 大 1 小

尋找小包時間：
2010 年 2 月～3 月

正式裝修時間：2
011 年 4 月～5 月

油漆裝修費用：
NT.28,000 元

屋主宋先生打開風景絕佳的窗戶，要我探頭往外望，還要仔細聽聽外面的聲音，我一聽，什麼聲音都沒有啊？宋先生說：「對！沒有聲音的聲音，就是我想要的生活。」

原來政大山居生活如此迷人，聽不見城市繁忙的噪音，沒有計程車搶客的喇叭聲，只聞得到山邊的新鮮空氣。休息時，宋先生最常在自己的書房遠眺山景，這位在醫院總是忙碌的人氣中醫師，待在家時，便沉浸在此，片刻寧靜中。

喜歡什麼色加上黑就對了！

去年買屋的小倆口，今年已經多了小 baby，裝潢家裡時找上朵卡空間設計師邱柏洲，用單次諮詢計價的方式，2 次洽詢費用花了 1 萬 8000 元。不喜歡家中有太多木作的宋太太說：「漆上多種顏色的牆面，成了家中裝修的重點。」由於家裡共 3 房，層層木作或壁紙花費高，加上山區溫度低又潮濕，選擇色彩豐富的乳膠漆，除了省錢、區隔空間、避免木作受潮外，色彩也為空間帶來許多豐富的層面。

「其實選色真的很難，很怕選了一個會後悔的顏色。我就一向喜歡藍色、綠色，就設定客廳是藍色、臥房是綠色，邱先生會在這些我想要的色相裡加上「黑」，

讓明度降低，變成大地色系，因為邱先生再三強調：壁色是配角、傢具才是主角，所以不論是喜歡什麼色相，加上「黑」成為大地色系，那麼將來明度、彩度高的傢具、傢飾就可以跳出。」宋太太回憶當初調色、試色時的不安。

色票太小難想像，現場調色較實際

因為一般人實在很難從小小的色票去想像變成整面牆到底會如何，所以現場調色、試色就成為好主意。色彩試漆不僅可以大一點，上牆後還可以等一等，一般來說漆乾了與漆整面之後會變深，而且牆色會因現場光線與鄰近顏色而改變感覺。這時候可以反覆觀察光影與色彩互動，還可以想像傢具擺置後的搭配，如何讓未來傢具與裝飾在屋內變的和諧美觀，秘訣就在於這個階段背景牆色的搭配。

試色時宋先生一直覺得明度低、冷色系，看起來到時會不會很憂鬱阿？這時，邱先生舉了一個例子，馬上讓他改觀：「大部分價格較低的品牌多用明度高的顏色，例如：大特價的價格標示多用紅白 2 色、7-11 的招牌是鮮明的紅橘綠，但反觀名牌多數明度低，LV 的米色、Gucci 的咖啡色；明度低的大地色系不僅較優雅而且也容易讓傢具、傢飾跳出，造成層次感。」

宋先生做完油漆調色後，還很擔心長輩不能接受，因為傳統的他們多建議用白色，但是他心想若僅用白色、木作又少，這樣不等於沒裝潢嗎？還好最後成果出來的確很令人滿意，而且油漆小面積和大面積感覺真的很不一樣！這陣子他家裡已經快變成本區的觀光勝地了，不時有很多親戚朋友、鄰

⊙ 大地色系的背景牆色完美的襯托主人精心挑選的傢具，凸顯傢具的色澤和造型；圖為艾莉傢俬的咖啡桌，自然成為視覺重心。

圖片提供 _ 朵卡設計

圖片提供 _ 朵卡設計

居阿姨來參觀，好幾次不是他
正在洗澡就是還在睡覺，聽到
媽媽開心的和別人介紹時，心
裡還蠻驕傲的。今早又有人來
參觀，宋先生聽到有人説：「這
設計師設計得很漂亮!! 我心理
偷偷地説其實這些顏色和傢具
都是我選的，謝謝稱讚啦！」

⊙ 房間選用清新的綠色，主牆面和其它牆面些為的色差用來創造空間層次。衣櫃
是用系統櫃身加上 ikea pax birkland 的美式風格門片。

圖片提供 _ 朵卡設計

⊙ 白紗嬰兒床，配上水晶燈
有夠夢幻。

圖片提供 _ 朵卡設計

⊙ 精緻的中國風玄關桌，擺上屋主的中醫用小白人穴道模
型與檯燈後，更加雅緻。

圖片提供 _ 朵卡設計

⊙ 美式鄉村風格的五斗櫃，放上鏡子還可做為
梳妝台。

圖片提供 _ 朵卡設計

⊙ 客廳背牆用藍色帶點黑色的大地色，讓明度降低，襯托明度、彩度高的傢具和傢飾。

圖片提供 _ 朵卡設計

⊙ 書房桌上型電腦主機平常藏在桌下另一個有輪子的小几上。

圖片提供 _ 朵卡設計

⊙ 餐廳的椅子不對稱成套卻協調。

☑ 以油漆彩牆小錢又有風格

油漆是最經濟改變家居氛圍的材料，一般人以為小空間面積較局促，牆壁一定要刷白才有空間擴大的效果，其實不然，彩牆顏色若挑選得宜，反而能做出深度感，拉大空間的視覺效果，況且白牆與有顏色的牆價錢差不多，加上空間可以利用牆壁、傢具等區域的鮮豔的色彩來擴充房間的視覺感受，省錢又有風格，何樂而不為。

☑ 顏色不講絕對，但求相對

空間要做大，首先要了解在一個有限空間裡，視覺是相對的，而非絕對的，例如從小房間裡走到較大較亮的客廳，視覺會覺得客廳是大的，利用這個方法，我們可以在走廊做較深色的天花板，當走入淺色或不作木作的天花板房間時，視覺相對比較下，低矮進入高大，你會發現房間變大了，這樣「騙」視覺的方法還可有遠近法與縮小法，但總體而言視覺是比較出來的，而非絕對的，若要空間大，顏色要有層次、視覺要有韻律。

圖片提供 _ 朵卡設計

⊙ 彩牆顏色若挑選得宜，反而能做出深度感。

☑ DIY 其實沒那麼難

只要牆面沒有需要大規模整修，油漆很適合 DIY，只要用滾筒，就不用擔心刷痕明顯，一次就可以蓋過下方的漆面，快速又好看，適合大面積，缺點是因為轉軸滾動的離心力，漆料容

圖片提供 _ 朵卡設計

⊙ 用不同牆面的色差創造空間層次。

易噴濺，不過注意滾動方向（往上推比較不會濺到自己）以及做好防護即可。國內的油漆工班師傅們不大用滾筒，主要是因為訓練和習慣，且刷漆較能表現技術能力，至於自己 DIY 就不用在意這個了。在較小的面積或是不希望噴濺的情況，還是會用刷子上漆。一份水加上四份漆料（乳膠漆）稀釋，以一次橫刷一次直刷的方式上漆，每次刷完就著室內光線觀察哪個方向刷痕較不明顯，用該方向再刷一次。

不論用滾輪刷子，都是用 M 型或 W 型進行；進行同一層粉刷時，刷面盡量不要重疊或重複塗刷某處，會使得漆膜不均勻。

☑ 傢具、門片上漆翻新有限制

沿用舊傢具和門片既省錢又節能減碳，有時重新上個漆就能煥然一新，但並不是每樣都適合這麼做，只有金屬表面和實木能上漆，塑料如：美耐板、波麗板等塑膠皮面，一上漆就剝落，除非先上塑膠頭度底漆（保險桿漆）再上色漆。傢具上漆都是用噴漆，費用頗高，若是傢具本身價值不高，例如用夾板或是松木等平價木材、美耐或塑膠貼皮製成，自己上漆或是乾脆換新比較划算；用高價值的木材所做的傢具，只要上原木油就好，保留原來的木頭的紋理，厚厚的噴漆反而破壞了原有的質感。

before

圖片提供＿朵卡設計

圖片提供＿朵卡設計

⊙ 原本是日式的木作櫃，只是噴個漆，就能變身為美式鄉村風。

漆料的種類

Ⅰ. 漆的種類：分為水性和油性

A. 水性漆：

包括水泥漆、乳膠漆、壓克力漆。水泥漆和乳膠漆使用時可加水稀釋，早期牆面常用的水泥漆，價格便宜，遮蓋力強，但顆粒較粗，容易結塊，濕布一擦就掉色，漸漸的就被較好保養乳膠漆取代。乳膠漆顆粒較水泥漆細緻，雖然遮蓋力不如水泥漆，得多塗一兩次，但抗水性較強，也比水泥漆不易變色，是現在室內裝修的主流塗料。

壓克力漆必須要用專用溶劑稀釋，但毒性低，乾燥前用水就可以洗掉了；壓克力漆乾燥之後會形成亮面，原色漆更是色彩飽滿亮眼，最常看到用在公仔模型，裝潢上通常用在傢具，而不會用在如牆面般大的面積。

B. 油性漆：

使用時以松香水、甲苯等調劑稀釋，並嚴禁煙火，這些具揮發性的化學液體氣味重，一般對於油漆嗆鼻的印象大多來自油性漆；毒性也高，施作不易，不是很適合 DIY。油性漆包括油漆、油性水泥漆和噴漆。

a. 油漆：使用時加松香水，通常用在塗刷木作和金屬表面，也普遍用在手工藝、居家修繕和 DIY，操作門檻是油性漆中最低的。

攝影 _ 蔡竺玲

⊙ 乳膠漆適合塗刷在室內牆面，質感比水泥漆細緻平滑。

b. 油性水泥漆：使用時稀釋調劑是甲苯，具有高毒性，吸入過多就如同吸食強力膠，有害健康。有防水功能，常用在外牆、隧道、過去也很常用在蓄水池、管道間等，現在外牆已經有水性漆了，是想 DIY 的朋友較為方便安全的選擇。

c. 噴漆：雖然噴漆可以是一種上漆方式，任何塗料都可以用噴的，但用在傢具上的「噴漆」則是漆料的一種，是最細緻高級的

塗料，稀釋調劑是香蕉水，用色母調色，都是以空氣加壓機和噴槍施作；依施作結果可分為烤漆、一般色漆和透明保護漆。

II. 噴漆不經撞

噴漆可以噴透明保護漆、色漆和烤漆。木作傢具噴漆，為了讓漆面漂亮，至少得批土兩次（二底），上底漆、噴漆然後上保護漆，這麼多層當然漆面厚，且硬度高，因此只要一碰撞就很容易碎裂受傷，受傷又只能用刷漆補，因此在常常需要開關的地方，例如鋁門窗，就不建議用噴漆，否則落漆就不大好看了。

III. 木作的表面處理

一般木作用木芯板和夾板做成，表面處理就兩種：上漆和貼皮。若是實木，油漆工班也負責染色、上保護漆或原木油的服務。

木作上漆是油漆工班的工作，批土兩次（二底）、上底漆、面漆、保護漆，因為是噴漆所以昂貴，有時會佔整個木作櫃價格的 50%。

貼實木皮除了木作工班貼皮的工錢，還得讓油漆工班噴保護漆，是最花錢的一種方式；而實木料則是上原木油。

油漆工班還可以將實木材質用染料更改木色，例如將偏白的樺木改成柚木色，再上漆或是上油，但染色的價格比噴漆還貴，還不如一開始就選擇染好色的木皮或木材。

如果不太在意櫃子表面是不是要光滑，可以請木工師傅挑一下表面木紋好看一點的木芯板或夾板，讓油漆工班或 DIY 上保護漆，看起來質感也會不錯，這種方式在咖啡店或個性文創小店蠻常見；或是門板和檯面用實木或 IKEA 選購，櫃身自己上保護漆也是一個省錢的方式。

攝影＿沈仲達

⊙ 仿飾漆，漆料多進口，加上特殊工法，單價較高。

IV. 仿飾漆

仿飾漆來自歐洲，為了取代較高價的石材、皮革等牆壁裝飾面材，而用油漆在視覺上「仿」出這些材料的質感，發展到今天已經成為一種技藝和藝術。歐美人習慣DIY，仿飾漆真的是發揮創意超好玩的東西，市場上除了有各種材質的塗料、工具，工法也相當多樣複雜，不過在國內，仿飾漆只有在商業空間較為常見，引進的種類不多，例如類似大理石紋路的馬來漆、地中海風格餐廳超愛用的威尼斯膠泥漆（venetian plaster），油漆師傅多會造型漆，不過絕大部分的漆法都是互相傳授，不盡然是照著漆料原廠的工法走，最好問看看師傅有沒有施工經驗、有沒有成品照片，看看能不能接受。

⊙ 戶外用的仿飾漆塑造石材的粗糙紋理質感。

V. 珪藻土

從日本引進的珪藻土，具有附著懸浮顆粒、調節濕度的功能，近年成為很受矚目的建材。珪藻土用在天花板時，因為大多數的煙和氣味都往上飄，因此主要用途是吸附異味；用在牆面就有濾塵和吸濕的效果，但必須有相當的面積才感覺得到成效，整個房間若是只施作一面牆，其實效果不彰，還不如用空氣濾淨機和除濕機。珪藻土有不同顏色可以選擇，也可以調色，但材料是進口的有色矽藻土，不可添加一般漆料，會使得珪藻土的功能喪失。價格約NT.4,500元／坪，施作方式和批土一樣，若要造型起花則需加價，有些油漆工班會做，但專做珪藻土的廠商對於材料的知識會較為專業豐富。

⊙ 珪藻土不僅是塗料也是黏著劑，可以請廠商或自己DIY創作造型牆面。

油漆工程發包時小叮嚀！

1. 在大部分的木作都已成形時，就可以通知油漆師傅到場估價了，這時候的估價會最正確。
2. 先決定哪裡要噴漆，哪些要油漆，噴漆先、油漆後。
3. 喜歡什麼顏色，將這個顏色加黑，塗上牆來調色最準。
4. 決定是否白色門框、門片。

圖片提供 _ 朵卡設計

☺ 明度高的漆色加上復古傢具，創造有趣的普普風。

如何快速又省錢的完成室內裝修呢？

選擇系統傢具，
快速省錢又健康！

傳統木作常佔裝潢費用超過一半的比例，若在「櫃」的部分盡量用較低廉的系統傢具取代木作，這樣預算只要木作的 1/3 便可以達成，而且還省了櫃體油漆的費用，東省西省，就可以省下不少錢。

發包 常見疑問

Q：系統傢具與傳統木作有何差別？

A：系統傢具的優點是：價格低、施工期短、收納整理配件多、低甲醛健康環保、非破壞性的建置、搬家時還可以帶走、在施工的時間及複雜度上，系統傢具相較於於需全程於案場施工的木工簡明許多。屋主只需要請廠商到府丈量，挑選貼皮，而廠商依據需求規劃所需的功能及樣式，出圖確認、並在工廠內裁切好板材零件，再至屋主家組裝，一般住家來說，實際上的施工時間只要 1～2 天，製造的噪音和粉塵遠低於木作，並且沒有刺鼻的甲醛味，是非常環保健康的選擇。

Q：為何系統傢具市場折扣很混亂、價差也大？

A：台灣的系統傢具被龍頭兩家品牌設立了高標準，使得系統傢具跟木作裝潢價位不相上下，甚至有過之而無不及。大部分一線系統店家都依客人的「屬性」給予不同的「折數」，能夠拿到幾折，就看你訪價、議價的能力，建議你貨比三家不吃虧。而且通常店家「簽約」壓力大，建議消費者至少訪價過 2 家以上，簽約前更需確認圖面尺寸、板材規格、電路遷移、五金配件、與建物接觸面的處理方式，勿草率行事。

Q：系統傢具的板材要如何確定它的好壞呢？

A：台灣的系統板材大多來自於比利時品牌 SPANO 的龍疆公司與奧地利集團 EEGGER 的威佐公司，市面上品牌工廠或所謂的「工廠直營」指的多是將這些大板材客製化裁切、封邊、鑽孔、包裝的加工廠，你可以請店家出示證明書：確認系統廠商是否能提供 E1 V313 板材的進口證明或近期的報關證明，這樣才能確定是否真的歐洲進口而非東南亞。

如何看懂圖面？

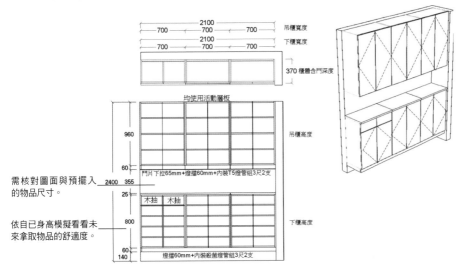

均使用活動層板

2100
700　700　700　吊櫃寬度
2100
700　700　700　下櫃寬度

370　櫃體含門深度

960　吊櫃高度

60　門片下拉65mm+燈擋60mm+內裝T5燈管組3尺2支

需核對圖面與預擺入的物品尺寸。　2400　355

25
木抽　木抽

依自己身高模擬看看未來拿取物品的舒適度。　800　下櫃高度

60
140　燈擋60mm+內裝殺菌燈管組3尺2支

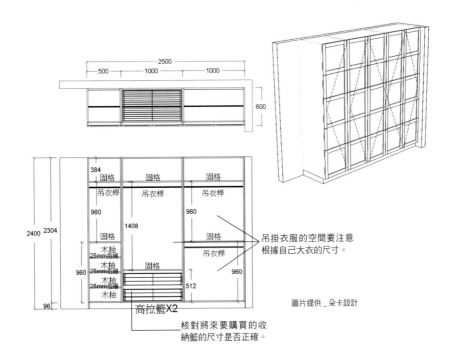

2500
500　1000　1000

600

384
固格　固格　固格
吊衣桿　吊衣桿　吊衣桿
960　960
2400　2304　1408
固格　固格
木抽　吊衣桿
25mm抽屜
木抽
25mm抽屜　固格　960
960　木抽
25mm抽屜　512
木抽
96

高拉籃X2

吊掛衣服的空間要注意根據自己大衣的尺寸。

核對將來要購買的收納籃的尺寸是否正確。

圖片提供_朵卡設計

如何看懂估價單？

項次	品名	寬 W	深 D	高 H	單位	金額	備　註
一	玄關						
	鞋櫃	100	40	40/90	公分		
	收納櫃	70	40	224	公分		玄關櫃門把 A532
	合計					23,000	
二	客廳						
	書櫃	276+240	30/26	105	公分		
	合計					28,000	
三	餐廳						
	吧台電器櫃	60/60	60	90	公分		抽盤 X2、含美背
	吧台電器櫃	60	30	90	公分		開放式
	檯面	160	75	6	公分		富美家 人造石檯面
	合計					37,000	
四	對開衣櫃	170	60	224	公分		含拉藍 X 3，中立板
	合計					34,800	衣櫃門把 A592-2
五	折價					2,800	
						總計 120,000	
			E1 V313 總價：			NT.120,000	元

基本上系統材料以才計價，組裝人工以工計價（才是面積，1 才等於長 30CM× 寬 30CM=900 平方公分）

0.8 公分厚度用在背板

1.8 公分厚度用在櫃體、門片，1 才 NT.180 元 × 牌價 55 折 = NT.99 元

2.5 公分厚度用在台面，1 才 NT.250 元 × 牌價 55 折 = NT.138 元

5 公分厚度用在台面與特殊層板，1 才 NT.500 元 × 牌價 55 折 = NT.275 元

但是這樣的計算實在繁複，因為要計算材料與人工，還要加上業務的利潤 ，所以才有以下的速算粗估表。此速算粗估表是系統業者提供，他們對進門客從 9 折到 7

攝影_江建勳

⊙ 支撐物品的層板承重力與板材是否變形有關，因此選購時別忘了詢問耐重程度的測試結果。

折都有人報，55 折到 5 折是可能成交價的最

樣的價格從工廠（板材與板材裁切）、門市（組

工）、業務（服務）都還有合理的利潤。

　　系統牌價速算粗估表，以下以 E1 v313 板材

為例，E0 板材大概再貴 2 成。

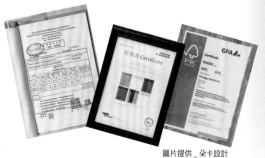

⊙ 如果對板材的品質有疑慮，可以請店家出示認證證書名
和檢測報告，並留意授權日期，確保板材品質。

名稱	規格	計價單位	牌價	備註：55 折後價格
衣櫃（深 60cm 內）	高 240cm 內	1 尺	8,000	4,400
衣櫃（無門片）	高 240cm 內	1 尺	7,000	3,850
書櫃（深 40cm 內）	高 240cm 內、4 片隔板	1 尺	7,000	3,850
書桌	檯面 60cm 內、5 尺送三抽櫃	1 尺	4,300	2,365
半高櫃（深 60cm 內）	高 120 ～ 180cm 內	1 尺	6,200	3,410
矮櫃（深 60cm 內）	高 80cm	1 尺	4,500	2,475
吊櫃	高 80cm 內、深 40cm 內	1 尺	3,500	1,925
木抽屜	寬 60cm 內	1 個	2,800	1,540
木抽屜	寬 60cm 以上	1 個	3,000	1,650
拉籃		1 個	2,000	1,100

　　以一個一線品牌 5 尺的衣櫃，打完 68 折，要 4 萬多元！上面的估價單只要

NT.8,000×0.55 尺 =NT.22,000 元差了 2 倍，現在你大概知道系統

櫃的價格有多混亂了！

攝影 _ 江建勳

⊙ 系統傢具板材的學名為雙面耐磨美
耐皿，俗稱塑合板，而其類型以防水
性，也就是吸收水分的膨脹系數來分，
有 V313、V100、V20 三大類，其中以
的堅固性與密合度最佳。

攝影 _ 江建勳　　　　　　　　　攝影 _ 江建勳

⊙ 以木屑壓製而成的密集板和纖維板，也是系統傢具會使
用的板材種類。

找二線品牌省價差

⊙ 龍疆的 EO 板材上皆有黃金鹿的標誌。

1. 直接找上游廠商：一般系統工班施作成本包含：料、工、管銷與利潤，大部分一線的系統廠商管銷成本都很高，甚至抓很高的利潤，若能直接找上游廠商例如：龍疆 www.longland.com.tw，威佐 www.kingleader.com.tw，這樣可以減少層層利潤。但問題是上游廠商，可能為了培養經銷商，採取與經銷商同樣的價格策略，若沒先問清價格就大老遠跑去、亦是枉然。

2. 找二線品牌系統傢具或是「跑單幫」：第二個方法就是用二線品牌系統傢具或是「跑單幫」的系統公司來施作，系統傢具來台多年，從業人員也越來越多，許多人在第一品牌受訓，離開後以網路型態經營：自己去源頭拿料，再雇工班組裝，這樣的二線品牌或「跑單幫」系統公司越來越多，這樣的公司因為管銷成本低、老闆自己做，大部分利潤都抓得少價格低，但也因為沒有品牌保證，服務完全憑個人熱忱、好壞評價參半。為什麼要強調用二線品牌系統櫃呢？因為知名品牌的系統櫃，店面、管銷成本不斐，價格也很難降；其實有些二線品牌系統櫃的板材品質並不比有品牌的差，不過收邊可能沒那麼細緻，如果能接受這點，可省下 2、3 倍的價差。

3. 修改設計省預算：想更省，還可以用無背板和無門片的櫃子，書櫃這樣設計不僅省下 0.8 公分厚度的背板，連 1.8 公分的門片都省了下來，系統業務看到你

施工流程

圖片提供 _ 采卡…

請廠商到府丈量。

攝影 _ 江建勳

溝通需求與挑選板材樣式。

攝影 _ 江建勳

規劃設計與繪製圖面。

這麼省板材，以「才」計價的系統，不降價實在說不過去。

4.. 櫃子寬度、高度可訂做：系統的特性就是可以量身訂製，所以建議盡量做到「牆到牆」或「天到地」，240 公分以上需接板，但坊間有些業者櫃身高度有限，一來廠商可能預製大量現成櫃子降低成本，二來廠商為了避免收邊麻煩和降低人工成本，其實你可以堅持，若不能訂製牆到牆、天到地，那麼與活動傢具有什麼兩樣。

5. 善用風格門片做變化：由於受限於材料，系統傢具樣式上無法像實木能製作曲線、原柱或是精細繁複的裝飾，然而除了極度要求具有強烈歷史感的古典風格，多樣的板材貼皮其實可以滿足大多數的需求，更進一步，除了目前已經有廠商提供鄉村風格飾版，更可以活用系統傢具客製化的特性，打造符合需求的櫃身，佐以 IKEA 平價且風格多樣的系統櫃門片，便能變化出各種不同的表情，讓系統傢具適用範圍更廣。

圖片提供 _ 江建勳

⊖ 只要善用門板花色，無論古典風或鄉村風，系統傢具還是能輕鬆完成。

攝影 _ 江建勳

板材裁切完成。

圖片提供 _ 朵卡設計

至屋主家現場組裝。

桃園南崁溪旁的樂活居

攝影／葉勇宏

Home Data

屋主：吳姊

簡單生活的實踐者。任職外商公司多年，豐富的閱歷表現在對人事物開放的態度上。最近開始學習瑜珈。

所在地：桃園縣蘆竹鄉

屋齡：新成屋

坪數：38 坪

格局：三房二廳

家庭成員：1 大

尋找小包時間：
2010 年 1 月～2 月

正式裝修時間：
2010 年 3 月～5 月

系統傢具裝修費用：
NT.215,000 元

吳姊寬敞的家，簡單、明亮，俐落卻不冷硬，就和她的人一樣。自然爽朗的態度，讓人忘記了初次見面的拘謹，吳姊一邊配合攝影師的要求或坐或走，一邊自若地和我們談起這間屋子的一切。

和許多用時間換取空間而移居桃園的台北客不同，吳姊的老家就在附近。相較老家父母溫暖的照顧和大家庭喧嚷的人聲，新家面向南崁溪的落地窗有著讓心靈沉澱的風景，一杯茶一本書，便是一個下午；而寬敞的空間又能讓親朋好友能盡情歡聚，這裡，是完全屬於自己的港灣。

減法決定風格

雖然自謙沒有慧根，美感潛能要靠設計師開發，吳姊事實上自有一套屬於自己的品味。邱設計師和她在逛賣場的過程中發現她不喜歡具歷史感的傢具。有強烈排斥的對象，反而能劃清楚可以接受的範圍，對細緻質感木質傢具的喜好，定調了類似 MUJI 的自然風格，加上吳姊所喜歡的淡色系彩牆和傢飾，自在溫馨的感覺油然而生。

室內面積對單身自住的人來說並不小，然而在規劃上吳姊倒是有十分明確的想法：「我喜歡什麼東西都看得很清楚，一覽無遺的感覺。」因此，開放式廚房以及

無隔間的客、餐廳自然是不二選擇；新成屋不須大規模整理，除了油漆，吳姊採用系統傢具來打造全室收納空間。

系統價格很不透明

「施工時間短，客製彈性不輸木作，而且搬家還能拆解帶走，最重要的是環保健康。」吳姊沒有選擇木作，告訴我們選擇系統傢具的理由，「雖然邱先生的付費諮詢，也會有跟著來的系統廠商估價，但我總記得邱先生說「貨比三家不吃虧」，況且系統店面或網路資訊這麼多，要比價沒這麼困難吧！」

「一比之下，系統價格果然很不透明，我跑了2、3家，大部分都沒有詳細標價，有些甚至在簽約前不願提供報價單和規劃圖，我不曉得裡面配件各項多少錢，完成一個單元需要多少錢，報價很不透明；更糟的是折扣都用喊的，那跟買菜沒什麼兩樣！」回憶起當初報價的經驗，吳姊有些不滿，她又說：「甚至還有店家，我一進門就要給我七折，我只是隨便呼嚨的比價，一下子殺那麼低，我都嚇了一跳，可能是用較差的材質吧？」最後因為邱柏洲介紹的系統廠商了解自己的用心與願意提供估價單的誠意，最後決定跟他合作。

「但坦白講，競爭激烈的系統行業裡一定會有人削價競爭，而一分錢一分貨的道理顛撲不破，雖然我自己是設計師也不是說都完全沒問題喔！有時候廠商剛開始合作時為表現合作誠意，願意流血犧牲價，2、3回後 不是品質偷、就是價錢高，我不仔細的話也會被騙，但爛的工班絕對沒有下次機

⊙ 白色的系統櫃搭配精選傢飾傢具，看起來舒適具質感；與吧台接壤的實木大餐桌，溫潤的質感也相當適合作為長時間工作的書桌。

攝影＿葉勇宏

攝影_葉勇宏

會跟他合作就是了。」邱設計師也明講，跟他合作的工班絕對不會是最便宜的，當然也不能太貴，最便宜的往往出問題的機率最大，除此之外大部分工班信譽上有一定程度的保障。

接下來發包系統時，最困難的卻是「我不是很清楚自己要做的東西！」聽起來了似乎很不可思議，但是這的確發生了：在與廠商討論時，書籍、雜物、衣物、鞋子的收納問題一一浮上檯面，有時候真的抓不到頭緒。還好在邱柏洲提出了一個個清楚又簡單了解的概念後，吳姐終於想清楚自己的收納需求。

☺ 玄關櫃稍長的門板可以省略手把，維持視覺上整體性。櫃體下方備有奈米紫外線殺菌燈。

☺ 有些系統廠商也做廚具。系統櫃可內嵌電源，依需求搭配各式廚房五金；將冰箱藏在櫃子裡，就不用擔心影響風格。

攝影_葉勇宏

臥室避樑最佳方案

　　吳姊的臥室，充分展現這個爽朗的女子柔軟的一面。牆色選擇和最喜歡的薰衣草同色的藕色，和紫紅色的寢具及窗邊的造型吊燈，在白色床頭櫃的烘托之下，展現了纖細浪漫的法式情懷。這座由天到地的床頭櫃，也運用了系統櫃靈活的特性。事實上，床後方的牆面上方正好橫亙著一道樑，直接訂做與樑齊深的櫃子，便可天衣無縫的將樑遮擋住，不但達到傳統上床頭須避樑的效果，收納空間也較一般活動式的床頭櫃充足。運用樑下設置收納空間減少壓迫感或是突兀感，雙面通透無背板的櫃子也可做為輕隔間，系統櫃量身訂作的特性可以使空間更具整體感，減少畸零空間。

攝影_葉勇宏

⊕ 吳姊所喜歡細緻質感木質傢，因此定調了類似 MUJI 的自然風格，加上的淡色系彩牆和傢飾，自在溫馨的感覺油然而生。

攝影_葉勇宏

⊕ 樑下的系統櫃不但可以避開床頭壓樑的忌諱，且有充足的收納空間。

為了不讓櫃子塞滿主臥室，吳姊採納了邱設計師的建議，將對門的臥房改做更衣間，「一個人住就不用把所有東西都放在一個房間囉。」於是這個不大的空房，擺上大鏡子和地毯，成了女孩們夢寐以求的空間；一樣設在樑下的兩個大衣櫃，或許為了避免壓迫感，而用了霧面玻璃門片增加通透感，不過這幾片門，似乎和系統櫃感覺不大一樣？原來，這是「系統櫃身+IKEA系統衣櫃門片」的組合，兼採歐洲進口板材的堅固耐用以及IKEA的設計感。

　　吳姊自然風的家，全室採用明亮純淨的白色系統櫃，簡單不花俏的設計，扮演了稱職的綠葉角色，只要搭配精心挑選的活動傢具以及傢飾，不論什麼風格都能有極佳的呈現。門口的玄關櫃上櫃，挖空部分背板，隱藏電箱；採用較櫃體稍長的門片，便可以省去手把，維持是視覺上的一致性；稍稍抬高的下櫃底部加裝奈米紫外線燈，將鞋子放在底下，不但能殺菌驅蟲，還可當作夜燈使用。而用系統櫃

攝影_葉勇宏

⊙ 系統櫃打造的中島連接手感溫潤的實木餐桌，是適合三五好友小酌一番或聊天的好空間。

打造的中島，收納功能強大，配置電源、安裝廚房五金便是電器櫃，連冰箱都可以藏進櫃中，避免家電破壞風格的整體感；而另一面還能作為書架，選擇 85～90 公分的櫃體搭上質感佳的台面，便是適合三五好友小酌一番的吧台。甚至連浴室收納，只要選擇浴室專用防水的材料，裝上鏡面門片，一樣可以使用系統櫃打造。

我們坐在手感溫潤的實木餐桌上，在阿莫多瓦的電影音樂聲中，一不小心就忘了正在採訪，分享裝修中的酸甜苦辣、店家的商品品質、廠商的服務態度，甚至工作旅行見聞，天南地北的聊起來，除了親切健談的主人，不知不覺讓人放鬆的空間也起了不小作用，「我的美國朋友來，住在我家，直說好舒服、好喜歡這裡呢！」簡單不做作，拉近人們的距離，這真是樂活好宅最理想的樣子。

攝影_葉勇宏

⊕ 使用防水板材及系統櫃工法打造的浴室收納櫃，上下方裝設 T5 燈管，大面鏡子實用性高。

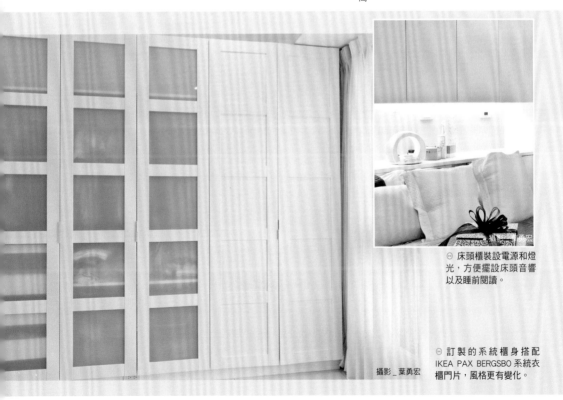

⊕ 床頭櫃裝設電源和燈光，方便擺設床頭音響以及睡前閱讀。

攝影_葉勇宏

⊕ 訂製的系統櫃身搭配 IKEA PAX BERGSBO 系統衣櫃門片，風格更有變化。

為了避免系統傢具讓空間太死板，在這裡要教大家用系統傢具前不可不知的設計秘訣，讓系統不僅收納的巧、也可以美侖美奐，這一切的關鍵其實都在於一點點的設計巧思，有些秘訣甚至連銷售人員也不會輕易透露：

☑ 櫃身用系統、櫃門用 IKEA

系統櫃的好處是櫃身堅固，又較木工便宜，缺點是櫃門較呆板，IKEA 的長處是風格門片，而櫃身較弱，因此可以使用系統堅固價廉的櫃身，但櫃門改用好看的 IKEA 系統櫃門，這樣就兩全其美。由於 IKEA 門片尺寸固定，但系統櫃可以客製訂做，因此在請系統櫃廠商丈量規劃時就要將要使用的門片考慮進去，「以櫃就門」。除了門片，IKEA 有許多價格合理的吊架、拉籃或和常見系統櫃配件品牌不同的收納五金，也是可以參考的品項，不過同樣的必須考量櫃體尺寸是否合用。

⊙ 背景中的書櫃上方為無背板系統櫃，下方為 IKEA Faktum Lidingo 門片。

⊙（右圖）吊架、拉籃亦可購買 IKEA 的。

圖片提供_朵卡設計

☑ 不同方向取用的系統櫃身

一般的系統櫃只取單面操作，但其實良好的櫃體設計應該配合動線，櫃門或取用有不同的開向，例如：玄關的衣帽、鞋櫃開向門口，另一邊的書櫃開向客廳，簡潔又具設計感。

⊙ 從客餐廳面看為擺飾書櫃。

⊙ 樑下空間結合系統櫃,雙面開口更好用。

⊙ 玄關系統櫃打開來,上面可以放下班的手提袋,下面可以放乾淨的室內鞋,更下方還有穿鞋子的收納矮凳。

☑ 沒背板的系統櫃、更活潑

若是無門片的開放式系統櫃設計,可以不做系統背面(櫃背),先將壁面漆上色彩,再做系統書櫃,櫃背鏤空的設計,能一眼望見壁面顏色,不僅減低「系統感」也強化視覺層次,一方面好看,另一方面也因為少用系統材料,可以降低整體造價。

⊙ 沒背板的電視櫃,更活潑;最左側為鞋櫃,方便進門鞋子的脫換。

☑ 框架門片不同顏色製造變化

誰説選什麼顏色的櫃身框架就要用同色門板?不同顏色看起來更有個性!

⊙ 不但門框不同色,仔細看還可以兩側開喔。

圖片提供 _ 朵卡設計

☑ 二倍層板厚度質感佳

系統櫃可以選擇不同厚度的板材，選擇 2 公分以上的板材，會看起來相對穩重有質感，特別適合無門的開放櫃或層架。

圖片提供 _ 朵卡設計

圖片提供 _ 朵卡設計

☺ 厚板看起來「大扮」，可調式層板解決書高高低低的問題。

☺ 選擇 2 公分以上的板材，會看起來相對穩重有質感。

☑ 系統櫃身、活用配件

系統櫃的另一好處是容易設計、組合省時，但卻有「配件選擇較少」的缺點，這時我們不妨搭配市售的籐籃代替抽屜、或換個風格強的把手代替現代感的系統把手，活潑又不呆板。

圖片提供 _ 朵卡設計

☺ 利用 IKEA 箱子、藤籃當作抽屜，省了做抽屜的材料與五金。省錢、又有活動性。

☑ 系統也可以做隔間

如果隔間是要隔音、完全阻斷，那當然要選擇磚或輕隔間，但有時我們僅需隔開冰箱、整理空間，這時候就可以使用系統櫃身做隔間。

圖片提供 _ 朵卡設計

☺ 開放式式廚房一面以系統櫃一面以 Ikea Expedia 櫃隔開走道。

☑ 選擇凹凸觸感的系統表面材質，增加「仿木」觸感

系統表面材質為印刷的人工紋路，完全為塑膠材質，加上其觸感又是滑面，看起來當然非常現代或「假木質」，若是選擇有凹凸觸感的系統表面，就會更像木作，市面上已經有雪杉、黃金鐵刀等這樣的凹凸觸感的系統表面可以選用。

圖片提供 _ 朵卡設計

☺ 黃金鐵刀可選擇仿木表面。

圖片提供 _ 朵卡設計

☑打燈系統櫃，更具高級感

櫃體若經鹵素或 LED 黃燈打局部亮光，會更具價值感，我們可以使用系統櫃身易藏線路的特點，將一個插座變成系統照明的一個開關迴路，側打燈光至系統櫃，這樣櫃子會更具高級感。

⊙ 系統書櫃透過局部照明，產生光影明暗變化，增添知性之美。

☑搭配其他較具質感的單品風格傢具：

一般來說，我將傢具分成 2 種：一為天到地的訂製傢具：可以是木作或系統，大型的衣櫃因需配合現場，多為訂製傢具；另一選擇為非訂製的單品傢具：例如五斗櫃、餐、書桌都是好例子，若是衣櫃已經選擇系統，那麼床架、床頭櫃就最好選擇風格強、而且可以搭配的實木傢具，這樣讓實木傢具「真的真」沖淡系統「真的假」，不僅可以增加價值感，也不會讓空間太死板。

⊙ 系統櫃一定要搭配有質感的傢具才能減少一成不變的制式感。

圖片提供 _ 朵卡設計

☑床頭橫樑，超大書桌，系統「ㄇ」型櫃輕易解決

床頭若有橫樑，要避其實不用換床架，只要找尋同色系的系統塑合板，做床後「ㄇ」型櫃擋住樑，將床往前推就可以避免風水上的忌諱。「ㄇ」型櫃還可以裝上門，放置冬被與多餘的寢具，也因為與床架同色系的「ㄇ」型櫃，看起來就如同床架的一部分，自然又省掉換床架的一大筆錢。「ㄇ」型櫃也十分適合充分利用空間規劃為書桌。

圖片提供 _ 朵卡設計

⊙ 「ㄇ」型櫃還可以作牆到牆大書桌，靠窗不占位是大學生的最愛。

分辨板材與規劃前必知收納迷思

Ⅰ. 認識系統傢具的板材

系統傢具的板材，是用粒狀或片狀木材添加膠合劑，高溫高壓製成的塑合板，外層包覆防潮耐磨的美耐皿貼皮。一樣會使用膠合劑，系統傢具使用的塑合板，與一般俗稱「甘蔗板」的密集板和木工常用的木心板差異在於使用低毒性或無毒的安全黏著劑。市面上常見的系統傢具多標示板材依據歐盟標準的分級，E 為甲醛釋放值，數字越高釋放值越大；V 為吸收水分膨脹係數，要是 V313 的板材，耐潮力就沒問題，像住在台北汐止、新店或新竹、苗栗等較潮溼的地方，用 V313 的系統櫃較有保障 ，V20 與甘蔗板相似幾乎無力防潮，遇水一定變形。

E1 是 Formaldehyde Emission- One（歐洲標準甲醛釋放量 0.1ppm 以下）的簡稱，E0 則是甲醛釋放量低於 0.5mg/L 趨近 0，同時不含 RoHS 四項重金屬有害物質（六價鉻、鎘、汞、鉛），是最健康的板材，亦不會對人體健康造成傷害。其實 E1 已經是綠建材，大部分 E0 比 E1 貴 2 到 3 成。

攝影＿江建勳

☺ 從板材剖面看到內部藥劑、黏著劑的顏色，可以做為一項判斷的指標，通常 E1 級板材會呈現綠色，E0 級則為藍紫色。

可以跟業者要證明來看，不過要在訂貨單上註明是 E1 V313 板材、產地與品牌名，因為競價激烈，有些小廠會調包板材，裝起來之後沒看見未膠合的斷面，有時候連專家都很難分辨；在訂貨單上寫明，日後發現有問題時可以異議。

Ⅱ. 怎麼分別 E1 及 E0 的板材

以比利時 SPANO 的板材為例，E1 的斷面偏綠色，E0 的斷面偏藍紫色且表面有黃金鹿的標誌，至於防潮力 V20 密集板的斷面看起來很鬆垮，幾乎與甘蔗板無異。

Ⅲ. 順手的收納比多而無當的收納重要

一般人以為收納，當然是空間愈大愈容易收納，其實不然，大空間若在設計時不好好規劃，東西是放的多沒錯但卻不見得順手，你一定也有過在大空

間內隨手一放的鑰匙，怎麼找都找不到的經驗，找了老半天才發現就在眼前，那不是老糊塗，其實是收納沒有設計，因為「順手的收納比多而無當的收納重要許多」。

收納設計其實需依空間機能的不同而有所差異，簡單的例如：玄關應放鞋櫃、電視櫃其實是家庭多媒體影音收納櫃、餐廳有餐邊櫃熱水瓶、泡茶沒煩惱、乾淨的毛巾與衛生藥品最好放在公共浴室前面、浴室的附近有隱藏式的洗衣籃、家庭工作室除了書桌以外最好還有半腰櫃置放 3C 機器，這些都是順手收納的概念。

IV. 封閉式、開放式的收納比例，端看生活習慣

封閉式收納多，容易忘東西，適當的開放性的存取會更方便，但是開放性的收納多，卻不容易保持整齊，所以封閉式與開放式的比例期其實端看屋主的生活習慣。

⊙ 順手的收納比多而無當的收納重要許多。

V. 餐廳內隱藏的冰箱，消除生活感

現在的小家庭廚房都偏窄偏小，有些甚至不能放下冰箱，當然如果盡可能的話，冰箱放在廚房是最順手的，如果真的放不下，也最好是離廚房近的地方，這樣才方便，當不得已將冰箱放在餐、客廳的角落時，為了要消除冰箱錯置的「生活感」與消弭與其他傢飾的格格不入，可由地板至天花板立起

⊙ 用系統傢具將冰箱隱藏起來，讓人不會一進門就撞見冰箱，空間整體風格才不會被破壞。

攝影_葉勇宏

一收藏冰箱的櫃子，將冰箱嵌在其中，如此一來冰箱不再顯眼，不致讓人一進門就撞見冰箱；客、餐廳減少瑣碎的「生活感」，大方、整齊的氛圍較容易達成。

VI. 衣櫥的設計，吊掛衣服還是摺疊衣服？

基本上衣櫥的內部使用不外乎是吊掛衣服或是摺疊衣服，提手最高的位置大部分設計掛桿吊衣服，它的上層層板隔開是放較少使用的棉被、行李箱或換季的衣服，它的下層可以是吊掛衣服或是摺疊衣服的拉籃，但請記得同樣的空間摺疊衣服比吊掛衣服容量還多，若是能將衣服捲成筒狀又比摺疊衣服放得更多。

VII. 系統傢具有義務移出擋住的插座與開關

系統傢具擋住的電話、網路、電視線、插座與開關其實是可以輕易的移到系統傢具上的，在系統傢具設計圖面確認時，務必要確認這些位置，免得白白浪費了插座位置。

⊙ 吳姐臥房床頭的一個插座就變成系統床頭櫃上的音響插座＋衣櫃踢腳板上的插座。

攝影_葉勇宏

系統傢具工程發包小叮嚀！

點檢項目

1. 系統差價大，比價廠商也有多選擇，貨比三家。

2. 找一個報價誠懇、用料實在的廠商來最後議價。

3. 簽約前出圖後更需確認圖面尺寸、板材規格、電路遷移、五金配件、與建物接觸

   面的處理方式？

4. 廠商施做前確認板材是否至少為 E1 V313 板材？

5. 留至少 1 ／ 3 餘款作為驗收與最後收尾依據。

圖片提供 _ 朵卡設計

☺ 摺疊衣服比吊掛衣服容量還多，若衣櫥的空間小應該減少吊掛衣服，改用摺疊衣服。

如何簡單打造溫暖的居家呢？

換上木地板，
為居家帶來滿室的暖意！

具有溫潤質感的木地板最能改變空間氛圍，讓居家呈現舒服溫暖的感覺，因此它一直都深受喜愛。只是目前木地板種類多樣，不同的木地板其施工方法及價格大不同，選擇時應特別注意

發包
常見疑問

Q：要找地板公司還是木作工班呢？

A： 木作工班的專長在於立體、較為細緻複雜的手工，而鋪設木地板相對來說較為單純，因此單位工資專業地板公司是較的木工工班來得低，每天約有 1,500 元的價差；而切割木地板的專業工具一般木工工班不見得有，同時師傅熟練度也較低，因此地板公司鋪設效率也是較高的。鋪設木地板，除了訂作樓梯或有收納功能的架高地板等特殊需求，還是找地板公司較為划算。

Q：鋪木地板需不需要把舊地板打掉？

A： 舊木頭地板若受潮變形或有蟲蛀情況一定得拆。如果舊地磚有破損、隆起「膨拱」的現象，嚴重不平整，就必須考慮將原有的地磚拆除，由泥作工班重新水泥粉光。當直接鋪木地板會使得地板太高擋到門板時，有三種方式解決：一是鋸門片，二是扣掉門片開闔的範圍不鋪，三是打掉原來的地板或地磚。由於拆加上泥作粉光成本高，除非地磚如前述狀況不佳，通常會採用前兩種方式解決。鋸門片的費用視複雜度不同，地板公司可能會收費用，檢視報價時也必須注意這點。

Q：木地板公司工程報價包含甚麼項目？

A： 在木作櫃或系統櫃位置尺寸固定之後，便可以請地板公司前來丈量估價。估價的方式是師傅工資（NT.3,000～4,000 元／日）+ 實作坪（鋪設坪數 +8～10% 料損）材料費，一般都是以每坪地板材為基礎報價，連工帶料，並計入料損，收到報價要注意是否含料損；施工方式不同（平鋪或直鋪）會有每坪 NT.900～1,000 元的價差。有些報價含有配件，也是必須問明種類和施工方式。

室內設計_謝民德 攝影_葉勇宏

☺ 以超耐磨地板代替原本實木地板。

如何看懂估價單？

內　　容	單位	數量	單價	複價	備註
Quick-step 地板	坪	10.9	5,000	54,500	客廳
Quick-step 地板	坪	5	5,000	25,000	主臥
Quick-step 地板	坪	4.3	5,000	21,500	小孩
Quick-step 地板	坪	3	5,000	15,000	儲藏
Quick-step 地板	坪	3.4	5,000	17,000	書房
Quick-step 分割條	支	3	1,200	3,600	
白色踢腳板 11cm	支	33	300	9,900	
合　　計：				146,500	

1. 以上報價連工帶料。
2. 以上數量為概估，實際數量依現場材料拆包數計。
3. 本工程自完工日起保固期一年。

　　說明：木地板和磁磚實際上計價以現場使用幾箱（包）材料來算，不滿一箱（包）還是計為一箱（包）；通常報價的時候都會多估，完工後未拆封的材料可以退回，拆封的就是屋主買下。

圖片提供 _ 朵卡設計

☺ 鋪設木地板，是找地板公司較為划算也會比較專業。

施作工法正確才有保障

1.木地板的鋪設工法：最常見的工法有以下五種：

A. 直鋪式

平整地面上墊一層靜音防潮泡棉便鋪設木地板。施工法最大好處在於不需要破壞原本地面狀況就能直接安裝地板，節省施工材料及時間成本，不使用的時候也容易拆除，耐用年限約 10 年內，適合預算有限初次購屋者或租屋者或一般營業場所。

B. 平鋪式

最大優點是較堅固耐用，踏感紮實，也是一般多數採用的施工法，地面亦須平整，但其底板夾板必須用大鋼釘固定於地面上，會傷害原本地面，耐用年限約 15 年。

C. 靜音平鋪式

因應現在流行的拋光石英磚地面，結合直鋪及平鋪式的工法，不用鋼釘，改由膠黏方式固定夾板，建議使用踢腳板以增加穩定度。

D. 小架高

通常用於一樓住家、環境較為潮濕或地面有部分不平，如磁磚破損的情況。

施工流程

舖防潮布。

釘架角材，可見水電管線走在下面。

釘夾板。

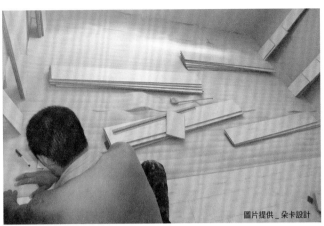

圖片提供 _ 朵卡設計

⊙ 原本的瓷磚地面狀態良好平整就可以用直舖式工法來鋪設木地板。

在靜音防潮泡棉上加上一支角材墊高，完成後離地約 5 ～ 8cm，施工費用較平舖式每坪多 NT.600 ～ 800 元。

E. 水平架高

　　靜音防潮泡棉上加上二支角材墊高，完成後離地 10cm 以上，常用於小房間或和室，以地板高度代替床底高度；或用在水平落差較大需抓水平的空間，施工費用較平舖式每坪多 NT.1,000 元。不過，若是想要做可收納和室地板還是必須由木作製作。

在夾板上鋪靜音防潮泡棉後鋪設地板。　　踢腳板施作。　　矽利康收邊。

2.防潮措施不可少：木地板溫順的質感，是最適合居家使用的建材，但台灣氣候濕熱，即便有因應在地環境的海島型地板，或是可調節濕度的實木地板，也不是百分百不受氣候影響，因此在使用環境和區域上必須多加考慮，避免鋪設在潮濕且通風不佳的環境，局部鋪設遠離浴室和廚房等容易沾染水氣的地方，並且不論哪種鋪設工法，都必須墊防潮布，架高地板還可考慮放置竹炭等吸濕材增加防潮能力，才能避免縮短木地板壽命。

3.木地板的配件：地板配件包括收邊條、起步條和踢腳板，用來保護地板邊緣，遮掩縫隙，也有美化的作用，通常在組裝時挑選，以視覺自然為主；除了各地板廠牌所出的原廠配件，也有專業地板零件廠商。主要材質為木材和 PVC，實木收邊條可以上漆調色，更接近地板的顏色，有些細心的地板工班會提供這樣

圖片提供 _ 朵卡設計

⊙ PVC 踢腳板。

的服務。

　　保護牆腳和藏線路的踢腳板時常用來表現風格，是依據屋主需求選配，若非必需，如預留縫隙較小的海島型地板，就可能用收邊條和油漆代替，而留縫較大的超耐磨地板，不用踢腳板很難遮掩縫隙。一定要事先考慮清楚是否要用踢腳板，完工退場後再請工班跑一趟就得另加工錢了。PVC 踢腳板單價低、易換好保養，可由地板工班直接釘在牆上；須注意的是實木踢腳板，和天花板線板一樣由木工施作，油漆工班上色。

　　一般地板工班報價都含收邊條和起步條，踢腳板則不一定，收到報價時須確認含甚麼零件，以及材質。

4. 木地板的保固：常見各大地板廠牌標榜提供 15、20、25 年甚至以上的保固，事實上只要弄清楚保固內容，便會發現有許許多多的但書，例如「陽光或人照光下不會褪色及失去光澤、無穿透、破裂；當有製造瑕疵時不收費……」等等，實際上一般消費者遇到的情況很難符合保固條件。因此，最好將這些看似很長的保固期當作是地板廠牌對自家產品品質的宣示，進口廠牌願意保固到 15 年以上的都有一定的品質，而海島型和實木地板很少願意保到 15 年以上。對於消費者來說，與其比較廠牌的保固期，還不如找到願意提供施工保固的工班，因為一旦發生問題，還是找原來施工的師傅來處理，地板廠牌並不會負責任，因此發包必須確定施工保固期間及內容，最好有書面紀錄。大部分施工公司會提供施工後一年期的保固，有些可以另外付費延長。

5. 可以自己買回來 DIY 嗎？一般木地板施工有專用的工具，特別是切割器材，就算是專業的師傅也十分容易造成工傷。因此除了市面上、一般居家用品賣場販售的可 DIY 拼裝式地板及塑膠地板以外，並不建議自行施工，一般木地板還是由專業師傅施工較為安全有效率。

活用新舊地板的
印度風居家

上到這四層樓的透天房子的二樓，是偌大的舞蹈教室，一入眼簾的是一大片繽紛壁畫，讓來訪的賓客忍不住地發出嘆息；而這間透天厝美麗的女主人許小姐，就和房子一樣讓人驚艷。身為美容師的她，保養得宜，樸直率真的像少女，和兒子站在一起竟讓人以為是情侶，而這樣的她更是個藝術家，屋內畫作幾乎都是出自主人之手，對於「美」的堅持不言而喻。

改造舊傢具、回收舊地板

這裡同時是工作室和住家，為了讓這間快稱得上古蹟的老房子，能夠因應多樣的需求，許小姐委由她的繪畫老師，亦師亦友的謝民德設計師操刀規劃。「謝老師不但畫畫，還會寫詩寫童話，是個很有藝術家氣質的人。」許小姐說，謝老師很了解她的喜好，保留了不少老屋的特色，「這間房子有超過四十年的歷史了，四樓還有那種整根木頭的橫樑，遮起來太可惜了；這個木頭窗框也是，重漆就很好看。」除此之外，還用了許多巧思，改造舊傢具：「像這組阿嬤家都有的超硬木沙發組，漆成白色之後，我再去 HOLA 買了座墊抱枕擺上去就很可愛，和印度風很搭。」

屋內各個區域功能不同，就連地板也是多樣的，許小姐說：「二樓是舞蹈教室，地板用量大，所以我們用

室內設計_ 謝民德 攝影_ 葉勇宏

Home Data

屋主：許小姐

雖然同時擁有舞蹈教室和美容工作室，但滿室的畫作和風格強烈的傢飾，許小姐令人感覺起來更像個藝術家。

所在地：台北市大同區

屋齡：40 年

坪數：70 坪

格局：四樓透天

家庭成員：3 大

尋找小包時間：
2011 年 2 月～3 月

正式裝修時間：
2011 年 4 月～8 月

木地板裝修費用：
NT.135,000 元

深色的超耐磨地板，但休息區這邊是原本拆下來的實木地板，整理過後再鋪上去的。」實木地板上有著歲月淬煉的痕跡，每片都不同，看著便讓人著迷，許小姐說：「就是因為覺得好看才想留下來繼續用，可惜有不少都壞掉了，撿一撿不夠鋪整間。」同樣的情況也發生在四樓，剩下的實木地板太少，也有需要用到水的區域，因此找了花色類似的超耐磨地板替代。許小姐說：「臥室用質感較好的海島型柚木地板，因為赤腳踩在實木上面的感覺真的很好呢！」

　　當我們還在因絢爛的色彩目不暇給時，許小姐帶我們來到四樓客廳，落地窗外一片綠意，夾在隔壁棟鄰居的外推加蓋中間，是一座空中庭院。站在車水馬龍的大馬路上，誰會想到這一棟棟老公寓的樓上居然藏著這麼一個寧靜安適的天地？看著許小姐用著開心柔和的表情，和我們解說園中的一草一木，突然有些理解到，家其實像件最合身的衣服一樣，展現自己的性格喜好，同時又給予溫暖和保護，就算不是名牌，也會讓人愛不釋手；好的設計應該是營造一個屬於自己，能夠隨時充電且樂於生活的環境，佈置成家人都會天天想要回去的地方，就算千萬裝潢也不一定達得到呢！

⊙ 二樓休息區是架高之後鋪舊實木地板。原本是中式古典風格的桌子，換上羅馬式的桌腳，噴成藍色，成為獨一無二的視覺焦點；後方的落地窗也是保留原本的實木窗框；作為風格中心的手工吊燈，是受到伊斯蘭文化影響的樣式。

室內設計＿謝民德 攝影＿葉勇宏

室內設計_謝民德 攝影_葉勇宏

⊝ 綠意盎然的空中花園。在喧嚣的大馬路邊，難以想像竟有這樣一處世外桃源。

室內設計_謝民德 攝影_葉勇宏

⊝ 天花板的木樑是是這間舊房子本來的，四柱床加上落地雪花紗超浪漫，許小姐說每天睡覺時，都像在家裡度假。

室內設計_謝民德 攝影_葉勇宏

⊝ 庭園建材都是採用適合戶外的南方松。

室內設計_謝民德 攝影_葉勇宏

⊝ 臥室使用柚木海島型地板。

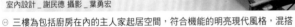

室內設計 _ 謝民德 攝影 _ 葉勇宏

⊙ 三樓為包括廚房在內的主人家起居空間,符合機能的明亮現代風格,混搭
印度風傢飾傢具,沙發前的咖啡桌「牛背桌」即是印度牛車的一部分。

室內設計 _ 謝民德 攝影 _ 葉勇宏

⊙ 二樓的舞蹈教室用的是深色
超耐磨地板。

⊙ 以前常見的雕花鑲嵌大理石
傢具,大膽噴上白色放上坐墊
抱枕,變成截然不同的風格,
愛物惜物也能創新前衛

室內設計 _ 謝民德 攝影 _ 葉勇宏

⊙ 燈具總是營造風格的重
要關鍵,一盞手工玻璃馬
賽克吊燈,是最強烈的印
度風標誌。

室內設計 _ 謝民德 攝影 _ 葉勇宏

⊙ 小小的櫃門把手也能帶
來濃濃的異國風情。

室內設計 _ 謝民德 攝影 _ 葉勇宏

⊙ 牆面繪畫並不難,可以依自己的喜好選擇主題,先在紙上畫畫草圖,然後調色用乳膠漆繪上牆,要注意的是不
建議四面牆都畫上圖案,那樣會讓空間顯得沒有層次,甚至稍微留白 都會有好效果。

☑ 保留舊地板

地板在整個裝潢預算中佔的比重頗高，如果預算不足，可以考慮保留原有的地板繼續使用。人的視線高度，只要擺上傢具地毯、加以裝飾、製造視覺焦點，例如燈具、大型掛畫、造型傢具等，就會輕易忽視地板的狀態，只要舊地板沒有漏水、蟲蛀，沒有「膨拱」等破損變形的情況便可沿用。

圖片提供＿朵卡設計

☺ 傳統平口木片地板，拋光之後光可鑑人，別有復古風情。

☑ 改用塑膠地板代替

與木地板不同，塑膠地板施工多是由專售塑膠地板的公司或自行 DIY。這種 PVC 材質印刷木紋、石紋的地板較少為一般住家採用，常用在商業空間或是出租房屋。優點是價格便宜、不怕水又耐髒，施工方式簡單；當然，在質感及壽命不及木地板。如果不喜歡地磚冰冷的感覺，現在塑膠地板的質感也日漸進步，是低預算可以考慮的選擇。塑膠地板的價格和厚度、印刷品質以及耐磨度成正比，價差甚大，約 NT.450 元～ 2,000 元／坪。

圖片提供＿朵卡設計

☺ 現在仿木塑膠地板的質感也還不錯，是省錢的好選擇

木地板種類

Ⅰ. 實木地板

透氣、溫濕度調節功能最好，但不抗潮，除了某些硬度高的木料以外容易變形，也怕蟲蛀。過去傳統木地板是平口木片拼成後，現場拋光、上漆，舊了還能再拋光，施工時間長且造成大量粉塵；現在不論什麼材料都已經是在工廠製作好「無塵施工地板」，現場只需拼接固定，舊了還是可以打磨拋光。實木單價最高，連工帶料 NT.8,000 元～ 12,000 元／坪。

圖片提供 _ 地板王

☺ 實木地板透氣、溫濕度調節功能最好，但價格也最貴。

Ⅱ. 海島型實木地板

為了因應本地高溫多濕的氣候，採用多層複合夾板克服受潮變形的問題，表面貼上 0.5 ～ 3mm（50 ～ 300 條）厚的的實木皮，使其有實木的質感。夾板多產自東南亞或中國，一般為越多層越好。耐用性較實木地板略差，但至少有 10 年以上的壽命，而木皮的成本較實木便宜許多，因此價格與實用性的考量之下，海島型實木地板市佔率較實木地板為高，其價格依據實木貼皮和地板材的厚度而有差異，約 NT.6,000 ～ 8,000 元／坪。

攝影 _ 葉勇宏

☺ 海島型地板表層為實木厚片，底層再結合其他木材所製造而成的。

III . 超耐磨地板

主結構是木粉高壓壓製的高密度板，類似系統櫃的板材，表面貼上木皮或木紋紙，並塗覆防水抗磨的三氧化二鋁塗料。由於是壓模製成，比起實木或海島型平扣式企口地板，超耐磨地板拼接處可以做到更加密合不卡汙垢，甚至不滲水，而鎖扣式設計的卡榫也不易鬆脫。

超耐磨地板環保、低甲醛釋放、耐操耐磨的特性很受有小孩和寵物的家庭青睞，缺點則是無孔隙的材料無法調節溫濕度、硬度高因此邊角受撞擊易碎，以及最為人詬病的不耐潮濕。一般超耐磨地板的吸水膨脹係數約 2% ～ 3%，因此地板工班在施工時會在牆邊預留空隙，每 25 平方公尺就必須約留 0.8cm 做為膨脹空間，較海島型地板的 0.3cm 的空隙來得大，也因此超耐磨地板不適合舖設大空間。一般超耐磨地板多為進口，價格約 NT.3,000 ～ 6,000 元／坪。

圖片提供＿地板王

☺ 對於想要擁有木地板質感但又要兼具耐用耐磨特性的消費者來說，超耐磨地板的推出無疑是一個福音！

IV . 海島型超耐磨地板

海島型地板加上表面超耐磨塗料，結合海島型地板抗潮和超耐磨地板耐操的優點，漸漸成為主流的板材。鋪設工法與海島型實木地板相同，不用留那麼寬的縫。國產海島型超耐磨地板通常採平鋪或架高施工，依工法不同報價有差異：平鋪 NT.4,000 ～ 4,500 ／坪，架高 NT.5,000 ～ 5,500 ／坪。

☺ 不論何種木地板，架高地板通常報價比平鋪工法稍高。

木地板工程發包小叮嚀

1. 木地板的種類很多，選擇上必須衡量自己的需求，和環境的限制。
2. 施工最重要的是防潮措施要做好
3. 除了架高地板，選擇地板工班施工會比木工來得便宜，
4. 注意工班是否有提供保固。

地板鋪好，系統傢具就可以進來組裝囉！

☺ 不同的木地板其施工方法及價格皆不同，選擇上必須衡量自己的需求，和環境的限制。

居家如何提升生活品質呢？

改造衛浴，花小錢
創造放鬆享樂的小天地！

衛浴空間雖小，所牽涉到的工程卻不少，從磁磚打除、防水重做、乾濕分離設計、衛浴設計的使用到馬桶臉盆的挑選與安裝，每一個項目都是一門學問。

圖片提供_朵卡設計

⊙ 只要更換三件式衛浴設備（馬桶、面盆及龍頭、淋浴龍頭）就可以讓浴室煥然一新。

發包
常見疑問

Q：可以更換馬桶位置嗎？

A：馬桶移位必須重牽糞管，為了埋藏管線且做出洩水坡度地板必須墊高，墊高如果高出浴室外地板，防水就不太妙，水平管線長也容易造成阻塞的問題，因此非必要最好不要輕易移動馬桶的位置。

Q：什麼樣的情況下衛浴磁磚必須打掉重做？

A：只要有漏水的情形就必須要全室重做。二、三十年屋齡的老宅通常磁磚也有相當程度的破損，因此一般也建議更新。七、八年以上到十五年以下半新不舊的，只要沒有破損漏水，只要更換三件式衛浴設備（馬桶、面盆及龍頭、淋浴龍頭）就可以讓浴室煥然一新。

Q：重做衛浴應該找誰發包？

A：過去傳統衛浴都是發包給泥作或水電工班，現在則有設備廠商提供一條龍全套服務，提供規劃服務，並且繪製施工圖。由於一般水電及泥作不出圖，因此這個圖面是其他工班溝通的重要工具。自己發包可以經過比價分開發包給不同的泥作和水電工班，但最好找具有空間規劃能力的衛浴設備商，並且一定要有圖。

Q：更換三件式衛浴設備須要多少預算？

A：視個人預算而定。設備廠商常有不同價格的配套促銷組合，NT.13,000元就可以買到國產品牌包含 50、60cm 標準尺寸面盆 的 整套 三件式，NT.20,000 元出頭可以用TOTO 的產品。

如何看懂圖面？

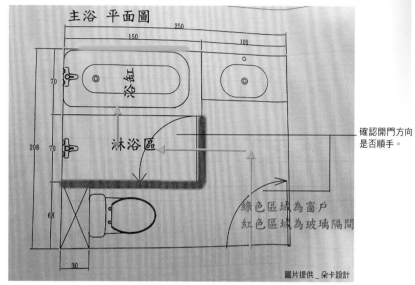

確認開門方向
是否順手。

圖片提供_朵卡設計

如何看懂估價單？

項目	單價	數量	安裝費	運費	小計	備註
衛浴設備						
馬桶	10,300	1	1,500	0	11,800	TOTO CW864
面盆	8,500	1	0	0	8,500	Keramag
水龍頭 - 洗手台	1,920	1	600	0	2,520	BOSS D90288
鏡櫃	11,800	1	0	0	11,800	
檯面空間板	1,800	1	0	0	1,800	
毛巾架	605	1	0	0	605	
清潔用品放置架	1,089	1	0	0	1,089	
衣服掛勾	720	1	0	80	800	
乾濕分離拉門	21,500	1	0	0	21,500	人造石門檻＋玻璃拉門／連工帶料
水龍頭 - 淋浴間	1,760	1	600	0	2,360	BOSS D80255

1.浴室若包含拆除、泥作和木工者，由該工序工班報價施工。

2.大件主要衛浴設備通常都會另計水電師傅安裝費用，而小件五金可以自己買，再請師傅安裝。

衛浴廠商施作服務較專業

1. 找一條龍服務且會規劃出圖的衛浴廠商：
衛浴除了發包給泥作、水電，在路上也可以看到許多賣衛浴設備的店家，如果不知道要發包給誰，可以從離家近的開始問起。專賣店的好處是衛浴設備選擇多，有些店家對於各品牌規格樣式的優缺點較為清楚，能夠針對你家的衛浴空間和預算進行規劃，搭配出最適宜的組合；有衛浴規劃能力的店家通常會出圖，你可以想像完工時的配置，並且店家也有自己合作的泥作和水電工班，從拆除施工、帶看磁磚、設

圖片提供 _ 朵卡設計

⊝ 衛浴工程包含泥作、水電兩項工程，找衛浴廠商來發包服務較專業。

備安裝一條龍服務，報價其實不會比分開發包來得貴，可以比較看看。如果已經有泥作和水電工班，還是可以請設備店家規劃出圖，其他工班按圖施工，準確度較高。

2. 乾濕分離浴室，先決定馬桶和淋浴間：想規劃乾濕分離浴室，但又不知如何著手的話，可以先決定馬桶位置，馬桶預留的空間寬度至少 60cm，使用起來才手才不會卡到旁邊的設備；接下來決定淋浴間位置，平常人洗澡都是面對淋浴

施工流程

打除舊設備及磁傳，管線全部重拉，並將窗戶縮小。

放置浴缸。

貼磚。

龍頭，淋浴間至少要深 70cm 才夠站一個大人；剩下來的空間擺放面盆，由於面盆尺寸非常多，小到 30、40 公分的都有，彈性最大，因此可以最後決定。

3. 別用石材、防水做到頂：磁磚當然是依各人喜好選擇，不過淺色又不光滑的款式較容易積汙垢，而石材或拋光石英磚有毛細孔，會吸水滲色，不適合用在會一直用水的浴室，如果喜歡石材的粗糙質感，可以選用板岩磚等仿石材的磁磚，價格也較石材便宜。板岩磚面積較大，若用 60cm×30cm，橫貼有擴大的效果，但地磚最好不要大於 30cm×30cm 否則師傅不易抓洩水坡度，排水會不順暢造成積水；用於地板磚填縫不要用白色，不耐髒汙。泥作防水塗層最少做一次（上三層），必須做到天花板的高度。有的建商為省料，防水只做到肩線；其實材料並不貴，自家裝修沒差這一點點材料，做得紮實比較重要。

4. 重貼磁磚壓縮空間：將一間舊衛浴的磁磚全部打掉重貼，由於拆除時不可能將塗附在磚牆表面的混凝土層全部去除，因此在原有的牆面上重做防水和貼磁磚，成品會比原來厚一、兩公分，結果就是壓縮衛浴空間，視覺上可能影響不大，但是在泥作完成之後必須請訂製乾濕分離拉門或浴櫃等設備工班重新丈量尺寸。

圖片提供 _ 朵卡設計

⊙ 舊衛浴的磁磚全部打掉重貼磚會壓縮原本衛浴的空間，因此貼好磚後，乾濕分離拉門或浴櫃等設備必須請工班重新丈量尺寸。

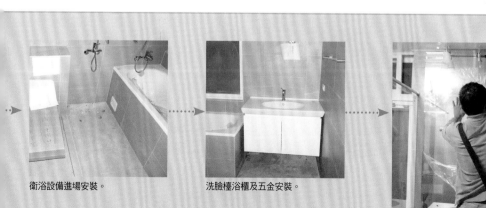

衛浴設備進場安裝。　　　　　洗臉檯浴櫃及五金安裝。

安裝燈光和鏡櫃。　　本單元圖片提供 _ 朵卡設計

5. 馬桶改位學問多、管距要注意：馬桶改位必須改動糞管的位置，要盡量避免排水管轉折，而且也要墊高地板糞管才有足夠的洩水坡度；選擇馬桶不僅外型重要還要注意糞管管距，管距是指糞管排汙孔的中心到牆壁的距離，一般有美規及歐規兩種。亞洲地區美規較為普及，管距 30 ～ 40 公分，市面上日系及國產品牌多是屬於這種尺寸；歐規則為 18 ～ 22 公分左右，歐洲進口品牌是用這個尺寸。挑選馬桶前一定要把管距搞清楚才不會裝不上去。

管距

圖片提供_朵卡設計

⊖ 糞管和牆壁的距離必須符合馬桶的尺寸，距離太遠，必須請泥作砌磚墊背。

6. 浴缸改淋浴間需重做防水：有些人原本有浴缸，因為使用率低而想改成淋浴間，並不是浴缸拆掉、磁磚貼上去就沒事了。就算防水都有做，新舊磁磚接合還是一件困難的工程，因為材料狀態不同，容易漏水，因此最好是全部去皮重新做防水、貼磚，或者用較簡單的方式：前牆式浴缸加上浴簾。

7. 浴缸下要有兩個排水孔：浴缸下方的地坪，除了泥作必須做出洩水坡度之外，還必須有兩個排水孔，一個是連接浴缸排水孔，另一個則是獨立的排水孔，當浴缸因破裂、填縫劑老化龜裂，或是冷熱交替使得浴缸壁凝結水珠等原因，有水滲入浴缸下方時，才能夠順利排水，避免因積水造成漏水。

圖片提供_朵卡設計

⊖ 立浴缸時，用磚塊固定浴缸位置。還必須有兩個排水孔，一個是連接浴缸排水孔，另一個則是獨立的排水孔。

8. 泥作浴缸保溫不易：受到日式泡湯文化的影響，不少人喜歡湯屋式的磚砌外貼石板式浴缸，然而這種浴缸有熱度容易流失的缺點，也常產生漏水問題。用磚砌浴缸，防水層完成後一定要放滿浴缸試水至少 48 小時，確定沒有問題才可貼磚。浴缸用磁磚必須先送去導角，否則泡澡時容易碰撞受傷，貼磁磚平整也十分重要，否則也會因為踢到而弄傷腳趾。

9. 乾式馬桶施工是主流：固定馬桶的方式有兩種，一種是由泥作固定的濕式施工，由於當馬桶故障或嚴重阻塞時，敲開馬桶會傷到磁磚，影響防水，因此這種方式已經逐漸不被使用；另一種是在磁磚做好之後再放上馬桶，用矽利康（silicon）封邊固定的乾式施工，因為施工簡便，維修更換容易，目前已經是主流的工法。

10. 防霉填縫法：浴室裡面有許多地方用矽利康收邊，例如浴缸週邊、面盆和牆壁的交接處，然而潮濕的環境容易讓矽利康長霉、老化，影響美觀和防水。事實上，有一個一勞永逸的方式，可以不用一直清理或重上矽利康。在立浴缸和安裝面盆時，在接縫內側打上一圈矽利康，接縫最上方再用不易長霉的磁磚填縫劑封邊。當上方的填縫劑龜裂漏水時，下方的矽利康還有阻水往下流的效果，一舉兩得。可以請立浴缸的工班用這個方式施工。

⊙ 在磁磚做好之後再放上馬桶，用矽利康封邊固定的乾式施工，是現在主流的工法。。

⊙ 浴室裡浴缸週邊、面盆和牆壁的交接處都會矽利康收邊，但潮濕的環境容易讓矽利康長霉、老化，影響美觀和防水。

將一房改成大浴室，
提升生活品質！

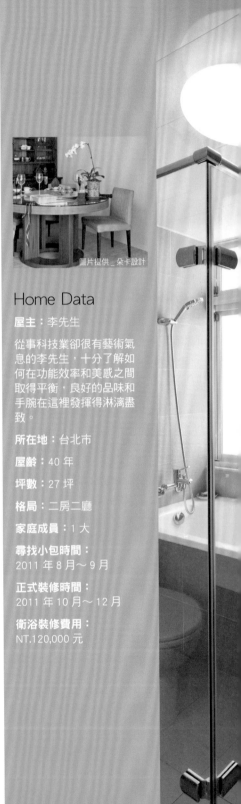

圖片提供＿朵卡設計

Home Data

屋主：李先生

從事科技業卻很有藝術氣息的李先生，十分了解如何在功能效率和美感之間取得平衡，良好的品味和手腕在這裡發揮得淋漓盡致。

所在地：台北市

屋齡：40 年

坪數：27 坪

格局：二房二廳

家庭成員：1 大

尋找小包時間：
2011 年 8 月～9 月

正式裝修時間：
2011 年 10 月～12 月

衛浴裝修費用：
NT.120,000 元

　　四十年老房子不稀奇，但在台北市中心的菁華地段，公寓一樓還能有這種抿石子外牆和紅棕色漆木窗框，就真的可以用不尋常來形容。

　　「很少見對吧？」帶著創意人愛用的粗框眼鏡，Bill 些許自豪地說：「我在這帶長大，巷子裡其實都還是這種老公寓，只是早就看不到這樣保持原樣的了，不信你去看看附近！」真的，一眼望過去不是被改造成店面，就是密密實實的搭了雨遮和車庫，這斑駁的水泥牆看起來格外顯眼。

為老年人設計的衛浴

　　Bill 婚後搬入位在附近的老家，媽媽則是遷往汐止清幽的山景社區，但老人家難以適應山上濕冷的環境，孝順的 Bill 決定將母親安頓在她熟悉的環境，就近照顧。「你知道，這裡近期都更的可能性很高，」Bill 聳聳肩，「所以當然沒有人會想搞什麼花大錢的裝潢，我媽還說能住就可以了。」不過光為達到這個「能住」，意外地費事：「交屋才發現，木建材都被白蟻蛀得差不多，實在不能用，而且前一個屋主把糞管弄壞，還不肯修，搞得整棟都很痛苦。」可能因為終於擺脫惡鄰讓其他住戶鬆了一口氣，趁這次裝修順便更換全棟汙水管，把化糞池淘汰，Bill 笑著說：「大家聽到都很開心，很甘願的

分攤工程費用。」

　　連汙水管和排水管都重牽，就沒有甚麼格局不能動了。為了要讓李媽媽住得舒服，Bill 請了提供規劃的專業衛浴設備承包商，參與其中的李耀輝設計師說：「除了臥室和留給家人的客房，其他空間其實都可以靈活運用。考量到這是一間用來養老的房子，為了長輩的安全及將來可能的需求，保留了較寬的走道空間和浴廁空間。」由於李媽媽很重視浴室的安全，原來主臥室旁的浴室十分窄小，也很容易產生死角，索性就把浴室搬到隔壁空房，而原有浴室空出來的空間，正好做走入式衣櫃，一條走道上貫穿主臥、衣櫃、浴室，使用起來十分方便。

　　為了避免長輩被門檻絆到跌到，也假設未來使用輔具的可能，浴室的門採上軌道滑門，地上沒有軌道門檻，這樣的設計勢必徹底乾濕分離，因為空間足夠，便將淋浴空間和浴缸都做進去，「淋浴間還有一個好處是冬天洗澡時熱度較不容易散逸。

　　長輩保暖很重要，我們將房間原有的大窗戶縮了一半，也能減少溫度流失，但畢竟整體空間較為寬闊，加裝浴室暖風機是必要的。」設計師說。

衛浴改位置細節多

　　無中生有一間浴室，必須多處理一些細節，Bill 說：「因為這間原來不是浴室，管線位置無法剛剛好，像是糞管就離牆壁太遠了，馬桶裝上去會無法靠牆，必須另外再砌磚墊在後面。像這樣的事情，往往牽涉到水電、泥作、衛浴不同工班，還好有衛浴圖面做為串起工班的重要依據。」

⊕ 寬敞的乾濕分離無障礙浴室，浴室內也可擺些耐濕的小盆栽。

⊙ 客餐廳空間合在一起多重運用，不但空間變寬廣，使用率增加，也減少隔間造成不通風或建材等健康負擔。

衛浴採用板岩磚，霧面質地有防滑的作用，膚色的磁磚完成後寬敞明亮，顯得柔和溫暖，散發出讓人安心的居家感。除了浴室，為了讓不喜歡吹冷氣的母親夏天能夠涼爽舒適，室內門窗都開了氣窗、電燈全都是不發熱的 LED 燈；大門進屋的前院坡道，也修整更平緩。這些雖然都不是讓房子看起來很厲害的華麗設計，卻都是滿懷著感情、誠心為了家人著想的表現，或許自己發包的好處，就是不假他手、確確實實的把說不出口的心意，埋藏在家的各個角落吧！

圖片提供_朵卡設計

☺ 馬桶使用二段式省水馬桶：傳統馬桶為一段式，每次沖水 12L，二段式大號 9 公升、小號 4.5 公升，如此則二段式省水馬桶四口之家每日節水量 132L。

圖片提供_朵卡設計

☺ 從舊家搬過來的 140cm 直徑餐桌、餐椅，是屋主的舊傢具，趁這次工忙請木工師傅順便修理餐椅腳，就和新的一樣好用。利用可移動的傢具、可回收或二手舊傢具，不僅惜物，也是比較環保的選擇。

圖片提供_朵卡設計

☺ 與更衣間相接的浴室是最理想的使用動線；浴室門寬足以通過輪椅，並且使用不佔空間的滑門。

設計師小錢裝修秘技

圖片提供 _ 朵卡設計

☺ 衛浴設備選市場佔有率高的大品牌，經銷商之間才可能因競爭而產生價差。

☑ 常見品才比得到價，稀有品比價難

衛浴設備和其他傢具一樣，大量製造、工業化產品或是市場佔有率高的大品牌，經銷商之間才可能因競爭而產生價差，例如 HCG、TOTO、凱薩等品牌，而各牌經銷商策略不同，例如 HCG 各家價差不大。如果是少見的歐洲進口品牌，就只有一間代理商，幾間經銷商，因為賣得人少，價格較硬，就算貴原產地一倍，也很難說這樣不合理。

☑ 衛浴也可以省錢「輕裝修」

一個一坪多的小浴室，上下全面翻新成乾濕分離的空間，不含拆除的情況下大約需要十到十二萬不等，其中泥作部分就佔了總開銷的一半，所以如果衛浴管線不須要更換，磁磚沒有破損、防水層沒漏水的情形下，大可以保留下來，像傢具一樣更換衛浴設備就可以煥然一新了！設備的選購也和買傢具一樣，您也可以自行比價選購再請水電安裝。換了馬桶、面盆等衛浴設備，添置鏡櫃、浴櫃做為收納空間，只要有大於 70cmx70cm 空間還可以加裝乾濕分離的拉門，不用大興土木也可以有飯店級衛浴！

☑ 用大畫框鏡或鏡櫃遮舊設備痕跡

舊設備（如鏡子和面盆）拆除後，磁磚上面常常會有難以去除的陳年舊垢，或是磁磚色差，這時可以用大面的鏡子遮蓋，依風格選擇有華麗邊框的畫框鏡，或是簡潔的鏡櫃，既好看又好用。

圖片提供 _ 朵卡設計

⊙ 用大面華麗邊框的畫框鏡遮蓋舊設計痕跡，既好看又好用。

☑ 大面鏡櫃放大空間好收納

洗手台設置大面鏡，可以放大較小的浴室，鏡子上方可以設置燈具，燈打在鏡面不僅美觀，而且用電一樣卻照度雙倍、更省錢。鏡子和收納櫃合為一體，深度不到 15 公分，不會產生壓迫感，但放置衛浴備品卻綽綽有餘。鏡櫃可以自行購買成品或向衛浴設備訂製，某些系統櫃廠商也有做，可以和家中系統櫃一起訂製。浴櫃材質常見防水耐濕的 PVC 發泡板，也有使用價格較便宜的系統櫃密集板，後者不適合使用在乾濕分離不徹底或是通風不佳的浴室。

市面上以南亞發泡板為材料的同體積浴櫃價差不大，主要差異在五金及組裝、安裝的工夫，很介意這點的屋主最好找有展示實品的賣家喔！

攝影 _ 葉勇宏

⊙ 大面鏡櫃不僅可放大空間更可增加收納。

☑ DIY 重打矽利康

通常衛浴讓設備看起來髒舊的因素是來自於收邊的矽利康。矽利康一旦發霉，就會產生黑黑的汙漬，單純用清水和皂鹼類無法徹底去除，而市面上的防霉矽利康其實是延緩發霉的時間，無法做到 100% 抗霉。要去除矽利康上的霉垢，最好的方式是用漂白水擦洗，要是霉根較深一時無法擦乾淨，可以用衛生紙沾漂白水靜置在發霉處一晚，霉斑就會消失；如果看起來範圍很大，或是前述的方式無法清除乾淨，那乾脆刮掉重打。

重打矽利康可以請水電師傅代勞，也可以 DIY，自己賺工錢：到特力屋等居家用品賣場或建材五金行，購買浴室用中性矽利康、擠壓器（打糊槍）、修邊膠帶和刮板（總共加起可能不到三百元）。刮除舊矽利康，在預定打上矽利康的縫隙兩側貼上修邊膠帶，生手很難控制速度和擠壓的量，幾乎不可能平整，因此膠帶一定要平直，邊緣才會漂亮；貼好膠帶就可以打矽利康，然後用刮板將矽利康表面刮平，最後撕掉兩側的膠帶即可。

圖片提供 __ 楠弘

⊕ 按摩浴缸都是前牆式浴缸，牆板是活動的，可拆卸，方便維修。

☑ 前牆式浴缸維修容易

現代浴缸種類繁多，除了鑄鐵浴缸、日式木桶等放置定點不和牆面接合的浴缸以外，主要分為前牆式和無牆式，無牆式是指立空缸之後，前面和側面用泥作磚牆封起，外貼磁磚；前牆式則是指不用泥作封牆，浴缸設備原廠就有生產配合空缸的背板，通常用壓克力或玻璃纖維之類和浴缸同材質所做，可以直接裝設在空缸前面或側面，看起來相當有整體感，且拆卸容易，一旦有狀況很好維修。

☑ 小塊磁磚較便宜

浴室地板磁磚不可過於大塊，否則泥作師傅難抓洩水坡度；相較於客餐廳等居家空間，浴室其實也蠻適合使用面積較小的磁磚，同面積單價比大塊磁磚便宜；例如 25cmx40cm 壁磚和 25cmx25cm 地磚的國產小塊磚就是頗實惠的選擇。

☑ 若浴室有窗，不必用浴室暖風機

現在大家漸漸注意到浴室乾燥通風對生活品質幫助，浴室乾燥暖風機也成為熱銷商品，雖然效率不錯卻單價不低。事實上，浴室若對外窗，幾乎不會有浴室潮濕的問題，加上洗完澡將地上的積水刮乾的習慣，就算是雨天不用乾燥暖風機浴室也能常保乾爽。

圖片提供 _ 朵卡設計

⊕ 浴室暖風機的好處是冬天時不用忍受低溫寬衣解帶又可保持浴室乾燥。

衛浴設備及五金百百款

圖片提供 _ 朵卡設計

⊖ 無牆式是指浴缸本體沒有牆板，管線配置妥當後用磚牆封起，僅留一只小維修孔，外面貼浴室面材磁磚。

I . 浴缸種類

現在浴缸以安裝方式，大概可以分為三種：獨立式浴缸、無牆式和前牆式。

A. 獨立式：

是指如鑄鐵、木桶等如大型澡盆的造型浴缸，放置到定點，直接牽管就可使用，風格強烈，通常浴缸本身就所費不貲。

B. 無牆式：

是指浴缸本體沒有牆板，安裝時必須靠牆，先用磚塊或金屬支架固定，管線配置妥當後用磚牆封起，僅留一只小維修

圖片提供 _ 楠弘

⊖ 獨立式浴缸風格強烈，通常浴缸本身就所費不貲。

孔，外面貼浴室面材磁磚，維修孔蓋則通常是金屬或 PVC 材質。這樣的做法優點是能和浴室磁磚一起規劃風格，缺點就是維修時受限維修孔大小，有些工班嫌麻煩，連維修孔都沒留，一漏水除了全部打掉之外沒有別的解決方法，所以一定要格外注意這點。

C. 前牆式：

設備原廠就有生產搭配好的牆板，大概都是和浴缸同材質同顏色，安裝時也是用磚塊或金屬支架固定空缸，再裝設牆板；牆板是活動的，隨時可拆卸，因此水電在安裝前後都可配管，日後維修也相當容易，不過售價就會比較貴。

II . 浴櫃材質

浴室用的收納櫃通常有兩種材料：

A. 發泡板（南亞出品）

塑膠發泡產品，完全不怕水，多用於面盆下方等直接碰水處； 出廠時是霧面，可加上鋼琴烤漆，增加質感。

B. 木芯板或集層板

發泡板並不便宜，考量價格之後許多廠商會在不會直接碰水的地方，例如乾濕分離的浴室中，乾區的鏡櫃使用木芯板或密集板，良好封邊的板子也有一定的耐水性。

III . 浴室五金

浴室主要是不鏽鋼和銅製。不鏽鋼便宜、價格穩定，普遍用在毛巾桿等浴室小五金上；而銅除了用在水龍頭裡

圖片提供 _ 朵卡設計

⊙ 浴室用的收納櫃通常有發泡板或木心板兩種材料。

面，用在小五金上也是得經過電鍍，銅質地較軟，可作多種造型，且原料較稀少，價格高且不穩定，因此常被用在造型獨特的高單價產品上，而銅製品也不是金剛不壞，電鍍層好壞決定它容不容易生鏽。

IV . 衛浴漏水該如何判斷？

水往下流，我們可以以牆壁腰線為界。腰線以上的漏水情況，不是外牆、頂樓天花板有裂縫，就是別人的排水管或糞管漏水，要打開天花板檢查修理；腰線以下漏水，則是自己的問題，可能是埋在牆壁中的冷熱水管漏水，必須打牆抓漏。

圖片提供 __ 麗舍生活國際

⊙ 銅製水龍頭常被用在造型獨特的高單價產品上。

衛浴工程發包小叮嚀

1. 發包給會規劃出圖、一條龍服務的包商，可以更精確貼近你的需求。
2. 如果預算不足，浴室磁磚沒有破損漏水，可以只換三件式衛浴設備，省錢又省事！
3. 舊衛浴打除更新或舊浴缸打除換淋浴空間都必須全室重做防水，且防水需做到天花板。
4. 馬桶別輕易改位置。
5. 浴室地板磁磚不可過於大塊，否則泥作師傅難抓洩水坡度。
6. 泥作浴缸問題多，最好買現成浴缸。
7. 無牆式浴缸要預留維修孔，而浴缸下要有兩個排水孔。
8. 衛浴設備安裝時要確認是否有依照施工圖面安裝到位。
9. 施工完成後確認水龍頭進水及各個排水孔排水是否順暢無阻。
10. 注意衛浴五金與牆面的結合是否確實，不會搖晃。

廚房老舊又卻沒錢全部更新？

只換廚具三件式，
也能讓生活更有品質！

廚房和衛浴一樣，空間雖然沒很大，裝修牽涉到的工程卻很多。如果想省錢，可以只換廚具三件式即可；如果要全室更新，則水電、泥作及廚具工程的細節都要小心注意，才能讓廚房好用又漂亮！

發包+
常見疑問

Q：廚房要怎麼設計，才方便使用？

圖片提供 _ 朵卡設計

☺ 爐具、水槽及冰箱這三點每個點之間若能在100公分以內，又能形成漂亮的三角型，就是很省力又好用的廚房。

Q：換廚房會不會很貴啊？

A： 其實廚房是最適合階段性裝修的，如果廚房預算真的無法負擔一次完成裝修，不妨考慮分階段施作，因為廚具的三件式多為標準尺寸，新舊櫃和廚具不會有尺寸不合的問題，以「損壞較多、需要拆除的先做」為原則，其餘的可依照急迫性列出先後順序分批進行。

A： 當你在規劃廚櫃時，可先設定廚房三件：爐具、冰箱及水槽作為定點。先決定爐具，因它需要靠近室外，這樣抽油煙機的管線才能縮短，效果較好。接下來是冰箱，冰箱大部分設在廚房門口，靠近餐廳的地方，這樣拿飲料的才不會與做菜的人撞到，接下來才是水槽，用功能來分就是：

烹飪功能的爐具 ---> 儲物功能的冰箱 -----> 洗滌功能的水槽（洗碗機、烘碗機）

這三個主要區域，若能規劃出三角形的位置關係，可以讓廚房工作順暢到轉身就拿得到所有東西，這樣的動線我們叫做廚房金三角（The Work Triangle）這三點每個點之間若能在100公分，又能成為漂亮的三角型，就可以很省力。超過100公分距離太遠來來回回多走好幾步，沒省到力，太近也不好，容易撞到、礙手礙腳，這三點之間的空間多為走道或工作的流理檯面。當然還有烹飪次功能的烤箱，微波爐、儲物次功能的乾貨儲物區和冰櫃，再依畸零的空間來擺置。

如何看懂圖面？

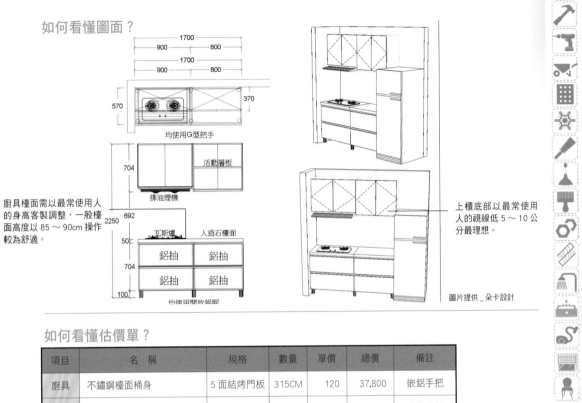

廚具檯面需以最常使用人的身高客製調整，一般檯面高度以 85～90cm 操作較為舒適。

上櫃底部以最常使用人的視線低 5～10 公分最理想。

圖片提供_朵卡設計

如何看懂估價單？

項目	名　稱	規格	數量	單價	總價	備註
廚具	不鏽鋼檯面桶身	5 面結烤門板	315CM	120	37,800	嵌鋁手把
廚具	雙白金木芯板吊櫃	5 面結烤門板	315CM	55	17,325	嵌鋁手把
五金	blum 門板絞鏈		12 組	200	2,400	
	電器活抽盤		3 件	800	2,400	
	歐式多功能水槽	外徑 84cm	1 件	4,300	4,300	
	blum 鋁抽	玻璃側牆	2 件	2,700	5,400	
	不鏽鋼側拉籃		1 件	2,000	2,000	
	木抽		3 件	900	2,700	
其他	台製拐杖型兩用龍頭		1 件	2,800	2,800	
三機	櫻花深罩式熱除油排油煙機	R-3680SXL	1 件	8,500	8,500	
	林內蓮花檯面爐	RB-27F		8,500	8500,	
總計					94,125	

廚房好不好用就看動線

1.先決定廚房動線：廚房的動線，源自於料理的步驟：從冰箱拿取食材→清洗處理→下鍋烹煮，因此好的動線就是：冰箱→水槽流理台→瓦斯爐三點間可以順暢移動。不論一字型、L型或水槽設在中島，抓住這個要領去規劃，就會是個順手的廚房。一般爐灶會靠近外牆，方便拉排煙管。而冰箱可以考慮放在廚房門附近甚至廚房外，方便全家人取用食物飲料，而不須在廚房狹小的情況下和正在烹飪的人擠在一起，也會提高冰箱被使用的機會。

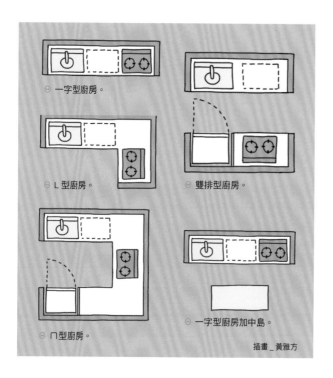

⊙ 一字型廚房。

⊙ L型廚房。

⊙ 雙排型廚房。

⊙ ∏型廚房。

⊙ 一字型廚房加中島。

插畫_黃雅方

2.廚具常見之基本形式：廚具常見之形式大致可分為「一」、「L」、「∏」、「H」四種，其中「L」型又可以衍生成「G」型；「一」型衍生為雙「一」為雙排型，若空間許可的話，各種形式都可以再增加

施工流程

拆除舊廚具及舊磁磚、地板。

泥作基礎完成，油漆後就可以進場安裝廚具。

安裝廚櫃。

獨立的中島平台。廚房形式雖多，但廚房其走道寬度宜在 90cm 以上，以保持作業動線舒暢，也可避免前後櫃體門板或抽屜打開時相互干擾。

3. 廚房需要有圖面來溝通：廚房強烈建議要有圖面，廚房因為牽涉水、電、排油煙機的佈線，所以有圖各工班才有依據。況且電位易移，水位、泥作都很難反悔，重做勞民傷財實在划不來。很多連鎖或獨立廚具公司，都可以幫你設計規劃廚具圖，有些免費，有些圖面可以討論，但要下訂時才能拿到圖面，有些還可以請專人到你家丈量，並依你的預算、喜好與需求幫助規劃，如果真的怕麻煩人家，其實用方格紙，來畫簡單的圖面，一點也不麻煩。IKEA 甚至提供簡單的廚房規劃設計軟體，讓你可以全視角 3D 規劃新廚房，透過免費軟體，你還可以預視新廚房完工後的模樣。

4. 發包找廠商：有完美廚房圖面與不錯的設計想法，還是得物廉價美的廠商來完成，這裡提供幾種判斷方式來分辨廠商是否為專業，才能合作無間順利完成工程，享受驗收後的傲人成果。

● 當然畫圖的人是施作的人最好，廠商願意免費畫圖多為施工業績考量，若能溝通、比價、議價後由他做，免得他白跑一趟。

● 可以親自觀察承包商已完成廚房的施工品質，如果對方有工程正在施工中，在徵求對方同意下去看一下，更好。

● 若是親朋好友介紹、可以打聽該廚具廠商的服務品質與誠信評價。

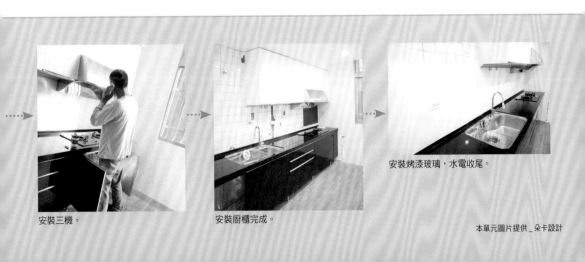

安裝三機。

安裝廚櫃完成。

安裝烤漆玻璃，水電收尾。

本單元圖片提供 _ 朵卡設計

● 與廚具廠商會面前，先閱讀一些簡易施工專業書籍打點基礎，與對方談話中就可了解其專業能力。

● 至該公司查看是否正常營運。

● 請求對方出示「室內裝修人員審查合格」的承包商執照當然會更好，但買賣設計廚具現在沒有考核制度，頂多只能要求安裝人員出具有中華民國技術士丙級證照中有「特定瓦斯器具裝修」職類名稱。

5.開放式廚房預防油煙問題：基本上開放式廚房很難防油煙，尤其是中式的爆香、油炸，若你是重油煙、常烹調習慣的烹調方法，建議用封閉式廚房。若堅持開放式廚房，那建議爐灶靠近後陽台的通風口，並選用國產排油煙能力較強的抽油煙機，因為外國的家用抽油煙機大部分設計為國外的輕煮食方法，抽油煙能力較弱。另外還可以在爐灶區加裝後櫃，這樣部分開放的廚房，也可以減少一點油煙污染；還有一種導煙機，裝設在瓦斯爐周圍，形成風牆，將油煙阻隔在抽油煙機最有效抽風的範圍內，NT. 6,000 元。

⊙ 這裡擺放的是廚房後櫃，一來為了風水擋住爐灶，二來可以開放的擺放廚房乾貨以及生活家電，三來加裝後櫃，這樣部分開放的廚房也可以減少一點油煙污染。

圖片提供 _ 朵卡設計

抽油煙機的排氣管要是長達 2 公尺，就可以考慮加裝中置馬達，加強排煙效率。為了要讓油煙順利排除，也必須注意使用習慣：煮食必需前將靠近瓦斯爐的窗戶關閉，打開遠離瓦斯爐的門窗；先開抽油煙機再開瓦斯爐，煮食完畢後讓抽油煙機繼續運轉五分鐘。

6. 廚櫃三機位置要注意：

● 在訂製廚具時，通常都會注意到流理台高度是否可以讓人舒適使用，而較常為人忽略的是吊掛式烘碗機的高度。由於和上櫃嵌合在一起，自然就會牽就上櫃的高度，個子不高的女性使用起來很常有看不見烘碗機裡面、必須伸長手才能拿搆到放在後面的餐具的問題，不便且危險，偏偏家中最常使用機器的人大多數都是主婦，因此裝設吊掛式烘碗機，必須考量家中最常使用人的身高，烘碗機的底部約較視線低 5 ～ 10 公分，是較為理想的拿取高度。

圖片提供 _ 朵卡設計

☺ 開放式廚房不僅油煙容易到處亂竄，其廚房內建材、家電、與收納風格也要較費神與緊鄰的餐廳搭配。

● 瓦斯爐通常安裝在廚房的角落，一面或兩面靠壁，有的爭取空間的建商直接貼著牆壁安裝，結果空間不足放不下炒鍋，因此一般安裝瓦斯爐，面板邊和牆面至少要留 7 ～ 10 公分的距離，當然也可以拿家裡最大的鍋子算算看，要有多大的空間才夠。

● 抽油煙機涵蓋範圍最好大於瓦斯爐，且吸入口可正對爐口，會有較高的抽取效率。

7. 濾水器藏在下櫃裡

既然有機會重新規劃，可以將濾水器藏在流理台下方，避免佔到檯面的工作空間，開放式廚房這樣也較為美觀。

更改格局，
打造媲美豪宅的舒適廚房

圖片提供 _ 朵卡設計

Home Data

屋主：Joe & Vicky
簡潔的北歐風讓人感到俐落又居家。

所在地：台北市南港區

屋齡：14 年

坪數：約 30 坪

格局：
原 5 房改大廚房 +3 房 + 儲藏室

家庭成員：2 大

尋找小包時間：
2008 年～ 2009 年 5 月

正式裝修時間：
2009 年 6 月～ 9 月

裝修費用：NT.120,000 元

連綿的冬雨讓窗外灰藍色的城市看起來模糊，坐在餐桌前啜著熱茶，吊燈染成的暖黃空間有點 retro 味，很適合聽故事。房子果然都和主人的氣質很像，明確的反映了 Joe 和 Vicky 的品味，簡潔的北歐風讓人感到俐落又居家，一種理智的隨性。

滑門設計讓廚房更彈性

雖然沒有複雜的木工裝飾和高高低低的收納櫃，這間屋齡 14 年又有漏水問題的中古屋整理的過程卻是不怎麼「輕裝修」。進門左手邊的半開放式中島廚房，讓人感覺到這間房子不簡單的一面。說到這可以用滑門拉開，兼具封閉式和開放式優點的夢幻廚房，Joe 有些不好意思的說：「也不是說非常愛下廚啦，只是不喜歡狹窄的感覺，這樣看起來比較明亮乾淨，但又怕喜好的煎魚，每次煎、炸時的油煙亂竄，索性就做了玻璃滑門：封閉、開放都可以。」這的確相當聰明：有開放的穿透、但滑門關上又有封閉控制油煙的優點。

媲美豪宅的舒適廚房，打掉了舊廚房隔壁的房間，把原來窄小空間有限的一字型廚房改成了雙排型加中島，雙排型廚房的一邊規劃烹調區及冰箱，另一邊則規劃了儲物區，中島則為洗滌區，雙排型的廚房因為活動空間大，是專業大廚的最愛，可以容納多人一起備料工

作，長輩、朋友們一起來的時候，包水餃、做烘焙，人多分工很方便，雖然剛開始有長輩對於打掉一間房間做廚房不以為然，「後來她再來參觀就很喜歡，還說可以開烹飪教室了！」Vicky 笑著說。

廚房成為第二個起居室

　　另外水槽移到中島，雖然可以做到爐具、水槽、冰箱省力三角形的動線，但必須重新牽出水管和排水管，地板也要打掉重做，對於第一次裝修的夫妻兩人，不僅花錢、也是一次大挑戰。但這樣的辛苦是有代價的，因為效果卻好極了：「冰箱、水槽很順手，轉身就可使用，水槽下有洗碗機也很方便；現在喜歡待在廚房，用早餐、吃火鍋、甚至用筆電打報告，都會坐在吧台，我還想要在廚房裝一台小音響！」廚房儼然成為第二個起居室，是親友聚餐、連絡感情的不二選擇，他們甚至在廚房也裝了冷氣，難怪 Joe 要說：「廚房才是家庭的中心呢。」

圖片提供 _ 朵卡設計

⊖ 打通隔壁用不到的小房間，廚房就有兩倍大了。由於將水槽移動到中間的位置，得重新牽水線和排水管，排水管必須要有足夠的洩水坡度才可順利排水，抬高地板正好提供了埋設排水管所需的厚度。

圖片提供 _ 朵卡設計　　　⊖ 簡潔的北歐風讓人感到俐落又居家。

圖片提供 _ 朵卡設計

⊙ 系統櫃體＋人造石檯面的電器櫃兼中島流理台，面向的陽台一側沒有無一體成型的人造石覆蓋以節省預算，並加裝插頭方便使用果汁機、食物調理機等；檯面加寬，就是完美的早餐桌。

親自監工才安心

　　問到他們工程中有沒有什麼困擾，「雖然有請監工，但我們下班後還是盡量抽時間到現場看看。」細心的 Joe 覺得這樣才能安心，例如廚房仿木紋磁磚地板，必須要和客廳的木地板同一個方向才有整體感，但是師傅貼錯了，還好施工第一天就發現，還未乾透，監工馬上連絡工班回來處理並沒有費多少工夫；雖然專業監工責任是連絡和掌握工程進度，並且監管技術上的細節是否正確，但 Joe 總

圖片提供 _ 朵卡設計

覺得他不是屋主本人，將來也不是監工住在房子裡，不見得能理解每個設計後面的理由和需求，記憶每個細節，因此對於自己要住的房子，Joe 説：「施工期間屋主自己還是得花一點心力。」

其實 Joe 與 Vicky 才是整個空間的設計師，他們的生活轉化空間的功能動線、他們的情感引導空間的風格走向，表現出濃濃的獨特人文精神，雖然沒有極度搶眼的絢麗表現，卻溫柔地帶領小編進入他們和諧馨寧的情感場域，離開前輕輕的在心理告訴自己：「家不一定要華麗，但一定要溫暖、寧靜，家不一定要富裕，但一定要甜蜜、安定，就像 Joe 與 Vicky 的溫暖住宅。」

圖片提供＿朵卡設計

⊙ 以推拉門取代牆面，可以隨需求靈活使用：平常開著，要大火熱炒時拉上門就不用擔心油煙散逸，兼有開放式廚房空間開闊和封閉式廚房實用的優點。

⊙ Joe 將廚房地板加高與客廳齊，並且選用和客廳地板視覺效果接近的木紋磚，鋪設方向一致，推拉門也沒有下軌道，行走無障礙，使兩個空間具有連貫性和整體感。

⊙ 書櫃從木作改成現成的工業化組合傢具，省工就是省錢，還省了油漆噴漆的大量施做，降低甲醛。無背板的櫃體，只要在牆壁上油漆底色，就可以更容易活潑使用，圖為 IKEA expedit 多功能櫃，不到 NT.7,000 元。

圖片提供＿朵卡設計

圖片提供＿朵卡設計

⊙ 窗邊掛畫處為用金屬板及木板封起的窗型冷氣孔；窗簾落地使空間看起來較高，也較簡潔；在臥室或較窄小的房間裝設吊燈，應避免吊在房間中央，造成壓迫感。

圖片提供＿朵卡設計

⊙ 走入式衣櫃不裝櫃門，並且訂作為 IKEA pax 系列衣櫃的尺寸，即可能使用該系列的層板及配件。

☑ 不要大費周章敲牆動格局

對於裝潢，有個顛撲不破的定律，就是拆得越多，重建花得錢也越多，廚房當然也一樣，如果可以接受現有空間大小，善加規劃，也可以成就一個順手好用的廚房，而省了一筆拆除和後續的泥作費用，那可是不少錢呢。

圖片提供＿朵卡設計

⊖ 用烤漆玻璃直接貼在舊磁磚上，不用打牆重貼磁磚。

☑ 烤漆玻璃直接貼不打牆

廚房的壁面磁磚沒有漏水問題，可以用烤漆玻璃、白膜玻璃直接貼在舊磁磚上，不用打牆重貼磁磚，也很好清理；地板也是如此，如果原來的磁磚地板沒有嚴重澎拱漏水，就不一定非得要把磁磚敲掉。

☑ 舊不等於破，髒不等於壞

想省錢，把能用得繼續用是最直接的方法。有時候中古廚具並不是不能用，很多其實沒用幾年，款式也沒很舊的廚具，可能因為沒有受到妥善的保養，而髒了舊了，好好清理，還廚具清白，說不定還能陪你好幾年呢！

☑ 分階段裝修是廚具省錢的要訣

如果廚房預算真的無法負擔一次完成裝修，不妨考慮分階段施作，因為廚具的三件式多為標準尺寸，不需要擔心爐具、抽油煙機、水槽換掉後會和原來廚櫃不合的問題，可以隨時更換，其餘的可依照急迫性列出先後順序分批進行。

☑ 換掉舊檯面

如果你家的中古廚房舊到有 10 年、15 年，可以優先換檯面。過去的人造石昂貴，檯面常常是較便宜的美耐板，久了木質的內裡難免受潮損壞，現在人造石多樣且平價，可以長達 240cm，也可做到無縫

相接，不會有藏汙納垢的問題。換檯面，就要一併換水槽，舊水槽週邊舊矽利康和汙垢會影響和檯面接著的密合度；不過換水槽不用跟著換水龍頭，水龍頭是可以獨立購買隨時更換的。

☑ 只換門片或把手，不換櫃身

廚櫃沒有壞，但是就是和設定的風格不合。這時可以把門片重新噴漆，或是乾脆換掉門片，因為大部分廚櫃門片都是標準尺寸；同樣的把手也可以這樣更換，很多專賣裝潢五金的店都有單賣把手，不論是極簡現代或是鄉村風，有時門片相同，換個把手 fu 就可以不一樣了。一個一般廚具門把手都是由一個或兩個螺絲固定，如果是由兩個螺絲固定，注意兩個螺絲間的距離，通常是 9.6cm。

⊙ 原本舊的廚櫃。
圖片提供＿朵卡設計

⊙ 把門片重新噴漆，或是乾脆換掉門片和把手，就可以讓廚房看起來煥然一新。
圖片提供＿朵卡設計

☑ 修正廚房上下櫃，廚房家電沒煩惱

要保留舊的櫃子，有人就會問「可是我想要內嵌烤箱耶？」或是「沒地方放電器櫃，想把微波爐裝在廚櫃裡，不重做不行吧？」，其實如果舊櫥櫃是傳統的木芯板，是可以找廚具廠商拆過去切割修改，或加活動層板，門片也可以修改；當然廠商都會希望你做全新的，但如果廠商肯做，報價可能只要全新的 1／3，真的很值得考慮。不過記得如果有滲水漏水，得一併把問題解決再修改才行喔。

☑ 上櫃不做門、沒有上櫃也可以

廚具的上櫃，主要用途通常是拿來儲存乾貨或餐具，和系統櫃及木作櫃一樣，其實可以不做門片，或是用層板和現成儲藏櫃來取代，例如 IKEA GORM 或金屬的 OMAR、特力屋的德克鍍鉻層架。

圖片提供＿朵卡設計

⊙ 其實修正上櫃、慎選微波爐，可以將微波爐、小烤箱放上櫃，至於有大量蒸氣的電鍋，可以修正下櫃、設置拉盤，這樣一來 就不會占據有限、可操作的台面。

廚具常用建材面面觀

Ⅰ.廚具之基本構件

　　廚房廚具之基本構成分為：下櫃體、上吊櫃及後櫃三種。下櫃體包含有：洗槽櫃、爐櫃、工作平台櫃、家電櫃及多功能性櫃。上吊櫃包含有單開門櫃、雙開門櫃、多開門櫃及上掀門櫃等。後櫃可分為：家電收納矮櫃、高櫃及各種收納櫃。

Ⅱ.廚房的樣式

　　廚房規劃當然首重你的使用習慣，而不同面積的廚房適合的樣式也不同：

A.一字型廚房

　　1～2坪狹長空間的唯一選擇，空間太小可以將冰箱、乾貨儲藏拉到廚房外。

圖片提供＿朵卡設計

⊕ 一字型廚房

B.雙排型廚房

　　只要中間可以留有90cm的活動空間，都可以規劃雙排型的廚房，傳統長方型空間的廚房，一邊是爐具、流理台，一邊是碗櫥、儲藏架或電器櫃，就是雙排型廚房。

圖片提供＿朵卡設計

⊕ L型廚房。

C.L型廚房

攝影＿葉勇宏

⊕ 中島型廚房。

室內設計＿謝民德 攝影＿葉勇宏

⊕ 雙排型廚房。

適合方型空間，但在轉角部分的下櫃較難用，有些廚具廠商會建議用俗稱轉角小怪獸的可旋轉式五金，但價格都頗高，其實這個位置可以放少用的、不會一直取的物品或耗材，用儲物盒收納，拿的時候也不會太困難。

D. ㄇ型廚房

L 型廚房的衍生型頗適合多人一起料理、烹調。

E. 中島型廚房

不論採用那種型式的廚房，只要空間足夠都可以設置中島，小則 40 ～ 50cm 寬可當吧台和置物，大則可以加裝水槽和洗碗機。

Ⅲ . 廚具櫃有什麼材質

廚具櫃的構造分為四部分：檯面（一體成型）、桶身（櫃體）、門板、五金。

A. 檯面

檯面有天然石、人造石、不鏽鋼、美耐板和實木。天然石單價最高，重、硬度高且易碎，毛細孔容易滲色沾汙，不耐強酸強鹼，已經較少為一般家庭使用。實木的耐水性不高，在台灣少用在水槽旁的流理檯面，常見於中島。不鏽鋼由於美觀因素通常用在業務用場合，但少數進口廚具也是有好看的不鏽鋼檯面；人造石和美耐板是居家廚房最常使用的

室內設計 _ 謝民德 攝影 _ 葉勇宏

⊙ 人造石檯面防水抗垢，雖質地較軟，但有刮痕還可拋光，是目前居家廚房檯面的主流。

兩種檯面材料，美耐板單價低易清理，但質感上人造石較佳，防水抗垢的功能更高，雖質地較軟，但有刮痕還可拋光，可以應需求訂製一體成型的各式檯面和背板，是目前居家廚房檯面的主流。

B. 桶身

桶身材質主要也可分為三種，木芯板、塑合板、不鏽鋼。

木芯板的通常為美耐皿貼皮，普遍來說單價較低，最大的缺點是不防火。大部分的系統商也都有做廚房規劃，但提供的桶身材質可能不比廚具行多。凡木質板材都有受潮腐蝕的問題，耐用度都受到封邊處接合品質的影響，主要差異在於木芯板受潮後是會腐爛碎化，塑合板會膨脹變形；木芯板的防潮度高一點，只要施工時水槽防水措施合宜，盡量保時廚房通風乾燥，還是可以維持 7、8 年到 10 年沒有問題。

另外，也有普遍使用在浴室浴櫃的 PVC 發泡板，差異在於用在浴室的表面處理通常是鋼琴烤漆，而廚房表面多用壓膜，缺點是不耐熱，壓膜的邊角會掀起不平整；最為防水防潮且耐用的當然是不鏽鋼桶身，單價較高，依等級不同而有價差，也有木芯板或發泡板包覆不鏽鋼這樣的材料。

由於桶身使用壽命的差異，除了預算，尚須考慮居住環境，使用習慣（常不常煮），預計使用時間，來決定所用的材質，也可用混合的方式，如水槽部分桶身使用不鏽鋼、其他部分使用塑合板，或是會碰水的下櫃使用發泡板，上

圖片提供 _ 朵卡設計

⊙ 木芯板桶身材質只要施工時水槽防水措施合宜，盡量保時廚房通風乾燥，可以維持 7、8 年到 10 年沒有問題。

攝影_王正毅

⊙ 廚房門板種類繁多，甚至也有鄉村風常用的實木門片。

櫃使用木芯板或塑合板，取得耐用和節省預算間的平衡。

C.門板

廚房門板種類繁多，常見的美耐貼皮、美耐門板、水晶面板、結晶鋼烤，鄉村風常用的實木門片等等。喜歡現代或奢華風格的朋友，都會注意現在流行的結晶鋼烤和水晶門片，除了亮晶晶的視覺質感，廠商還會強調五面或六面無接縫漆面，防水性特佳。但廚房是從事烹調工作的地方，難免有油煙，沾到食物、水的手觸碰門片，不可能每餐煮完連門片都重新擦過，再貴的門片開始使用之後，幾乎不可能保持和廚具行或照片一樣亮晶晶的樣子，有沒有必要用這麼高級又昂貴的門片，其實有待商榷。美耐門片便宜耐用，質感也不錯，重點是髒了壞了不心疼。

廚房工程發包時小叮嚀！

1. 開放式或封閉式廚房，取決於你的烹飪習慣，常煮或常做熱炒等重油煙料理，用封閉式廚房較為適合。
2. 廚具因為牽涉水、電、排油煙機的佈線，所以找有出圖的專業廚具廠商發包，各工班才有依據。
3. 廚房的動線要設定爐具、水槽及冰箱工作金三角，讓廚房工作順暢到轉身就拿得到。
4. 廚房走道寬度宜在 90cm 以上，以保持作業動線舒暢。
5. 面瓦斯爐板邊和牆面至少要留 7 ～ 10 公分的距離，才不會放不下炒鍋。
6. 訂製廚具時，流理台高度及上櫃高度，必須考量家中最常使用人的身高。
7. 廚具也可以分段更新，不用一次到位，從爐具、抽油煙機、水槽開始換起。

裝潢粉塵一大堆,要清到何時呢?

找裝潢清潔公司,省時又省力!

裝潢到了尾聲,新家大致成形,許多屋主都會期待快點入住,不過入住前的清潔工作不可少。因為裝潢時所留下的大量工程垃圾及粉塵都會危害居住者的健康。確實做好清潔工作,再辛苦一下下,就可以搬入夢想的新家了!

發包+常見疑問

Q：專業裝潢清潔和我們自己打掃有甚麼差別?

A：專業裝潢清潔使用的機器用具,例如業務用吸塵器、拖地機不是一般家庭清潔用得到的東西,而使用的清潔劑也不大相同,專業清潔劑通常都較家用強效,如有不慎也容易破壞裝潢,有專業知識的清潔人員才可熟練操作。

圖片提供 _ 朵卡設計
☺ 專業清潔工班會用到家庭少用的清潔劑。

Q：為何專業裝潢清潔的價格那麼高呢?

A：專業清裝潢潔價格高的最主要原其實是人工,通常一場清潔至少出三個工(三人),每人出一趟至少 NT.2,000 元(北部價格,中南部會低不少),包括移動、搬運器材,面積越大花的時間越多,也會越貴,因此價格北部一場至少 NT.7,000 元、中南部 NT.5,000元,低於這個價格就得注意是否合理。

Q：我們可以自己清潔嗎?

A：當然可以,只是有幾點需要注意:1.拆除保護墊要分類收拾好放在定點,打電話通知區域清潔隊來收。2.裝潢粉塵超多,打掃用吸塵器不但吸力要夠,集塵袋集塵盒也要注意滿了沒,否則吸塵器很容易燒壞。3.不要用強酸強鹼、或是特殊溶劑清潔以免破壞建材。4.多找一些親朋好友來幫忙吧,這是遠比平日大掃除更吃重的工作喔!

圖片提供 _ 朵卡設計
☺ 用吸塵器吸除裝潢粉塵時,要注意集塵袋滿了沒,否則吸塵器容易燒壞。

如何看懂估價單？

服務範圍	服務內容	備註
全室（公寓 2 層樓）	施工保護板拆除裝袋	如大樓可丟棄會協助整理
	清潔後一般垃圾代為處理	如大樓可丟棄會協助整理。不包含工程廢棄物及保護板。
內外窗戶	清理	外窗以無危險性及人體可清到範圍儘量清理。
天花板	木作燈具除塵清潔	
浴室	全室刷洗	
門板	擦拭	
地面	殘膠處理	視現場建材情況，不保證可完全清除
廚房	流理台櫥櫃表面（包含櫥櫃內部）	
	抽油煙機表面清理	
客廳	所有櫃面擦拭（系統櫃內部）	
臥室	所有櫃面擦拭（系統櫃內部）	
冷氣機	表面清潔	
服務費用	18,000	服務當天驗收完畢

註：以上報價為裝潢後粗清加細清，不包含地板及傢具打蠟。

註：清運工程廢棄物等特殊處理需另外請配合廠商報價。

圖片提供 _ 朵卡設計

☺ 經過詳細的清潔之後，就可以入住夢想的新家囉！

有書面契約才有保障

1. 清潔和清運是兩回事：清運垃圾必須叫車來載，有些廢棄物送到處理廠還得另外支付處理費，因此一定都會以獨立名目收費，不包含在清潔工程裡。在完工前，泥作和木工等工班都會產生不少廢料，這些都應該在各工班退場時自行清運，費用含在工程款中。

2. 要現場估價、書面契約：清潔這行的進入門檻低，什麼人都可以來做，不肖業者很多。沒有頭緒門路的屋主隨便找很容易受騙，被低價吸引，等對方人員進場後被迫加價，這種事情也是很常見的裝潢糾紛。要保障自己的安全，必須找有政府立案的清潔公司，並且必須先請對方到現場估價，向你說明清潔項目程序，例如是否包含窗溝清潔、地板上蠟，並且條列書面簽約，才是保障自己的方式。

3. 清潔二階段：裝潢清潔分為兩個階段，粗清和細清，粗清：包含拆保護墊、收拾垃圾及初步除塵；細清包含擦拭櫥櫃、清洗窗戶、殘膠、泥漬、漆漬處理，接下來是浴廁、陽台、地板。

4. 垃圾必須歸類裝袋：一進入清潔現場，第一件事就是將保護板拆除裝袋、工程廢棄物集中裝袋、垃圾集中裝袋。保護板拆除過程需將保護板往內摺以及動

施工流程

清除牆壁粉塵。

清除天花板粉塵。

用吸塵器吸除櫃內粉塵。

作放慢以減少屋內揚塵；收拾好若沒有馬上清運，先將以上物品移到不影響工作的區域，例如大門外或陽台，或是社區容許放置處。各縣市環保局都有訂定巨大、大宗垃圾的清運標準，可以上網查詢或打電話詢問，請當地清潔隊來收。

5. 粗清除塵時不可碰水： 垃圾清好後就是處理最棘手的裝潢粉塵，在這個項目確實完成之前請勿讓整個裝潢案場接觸到水（含浴室及陽台），粉塵愈重之處愈怕碰到水，

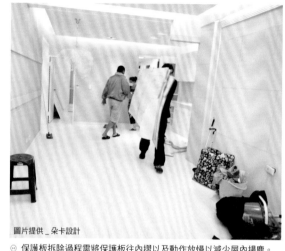

圖片提供 _ 朵卡設計

☺ 保護板拆除過程需將保護板往內摺以及動作放慢以減少屋內揚塵。

一旦弄濕後需得用很大量的水才可清乾淨，且容易讓塵沙囤積在水管內；地板邊角處有膠須在吸塵前先用刮刀刮起再一起吸掉，膠碰到水後須多耗費一至兩倍的時間處理；不管是傢具或地板都很怕水，要注意不可以用大水量清洗。

6. 除塵要由上到下： 粉塵往下落，因此除塵必須從上到下：
天花板→牆壁壁面（含內部玻璃表面除塵）→櫥櫃內部（含玻璃窗框吸塵）→地板

吸除浴室粉塵。

用刮刀仔細刮除地板上的殘膠、漆點、水泥批土漬。

沖洗陽台落地窗後用刮刀將玻璃刮乾，以免形成水漬。

本單元圖片提供 _ 朵卡設計

圖片提供_朵卡設計

⊙ 清潔粉塵必須從上到下，從天花板到牆壁、窗戶、櫃體內外，最後才是地板！

天花板包含木作及冷氣表面，和牆壁都須用除塵刷具清潔，再用吸塵器全室包括櫥櫃內部和窗框徹底吸除粉塵，最後吸地板。地板是除塵項目裡最重要的步驟，會直接影響細清的品質及工程的進度，地板吸塵前需清除乾的殘膠，減少殘膠的量，包含浴室及陽台都要吸塵，吸塵器吸塵完後用纖維抹布或除塵紙抹布擦拭一次，可以先擦掉部分吸塵器吸的過程中揚起的細粉塵。

7. 處理殘膠泥漬油漆漬考驗專業：粗清已排除很多殘膠及細塵，但後續面臨的是粉塵擦掉後到處會有的殘膠，油漆滴落及泥作留下的填縫劑或水泥痕跡，專業且經驗豐富的清潔人員可以快速且正確的判斷不同材質用甚麼方法去處理，才可以不傷建材將這些痕跡擦掉或淡化。一般來說專業清潔必須備有專業安全刮刀、針對石材、磁磚細縫的清潔工具以及各式專業清潔劑，如果使用強酸強鹼和揮發性溶劑，也只能用在不鏽鋼或衛浴不受影響的地方，可以請清潔公司向你說明。如果你有用較特殊或昂貴的建材，也必須向清潔人員說明建材廠商官方規定的清潔方式。

8. 細清也是上到下、裡到外：細清顧名思義就是仔細清潔、細部清潔，小地方都不可放過，例如門片、線板的裝飾溝槽，門片和高櫃上方，櫃子五金軌道等。細清主要是用抹布擦拭，擦拭程序必須由櫃內到外，房間到公共空間，

9. 用水必須擦乾刮乾：凡是用水擦拭或清洗的地方，都必須迅速弄乾，已免產生水漬、空氣中落塵附著。用濕布擦拭或拖把拖地，要常清洗，並且單一方向

擦抹，同一面不要重覆，擦完馬上用乾布擦乾，而用水清洗的玻璃窗扇、衛浴陽台，則是用刮刀刮乾。

10. 監工驗收要點： 1. 檢查是否還有殘膠、泥作和油漆痕跡；系統櫃和玻璃表面的貼紙和簽字筆書寫痕跡必須清除。2. 檢查窗戶、玻璃等亮面是否有水漬。3. 櫃內五金、門板線板裝飾、門片高櫃上方是否還有灰塵。

圖片提供＿朵卡設計

⊖ 清潔驗收時，除了殘膠和油漆痕跡、系統櫃上的簽字筆書寫痕跡是檢查重點外，櫃內五金、門板線板裝飾、門片高櫃上方是否有灰塵也要特別注意！

11. 清完兩天又一層灰： 裝潢完成後現場滿是粉塵，只要有人走動，就會被揚起散佈在空氣中，雖然清潔程序可以達到相當的去塵效果，但還是無法清除漂浮的粉塵，因此常常在清潔後數天又看見薄薄一層沉積在傢具或牆面上。清潔後可以過個幾天再開始搬傢具進去，這段時間常保室內通風，待空氣中粉塵較少，可能必須再擦拭一次。

省錢清潔，聰明發包！

圖片提供＿朵卡設計

Home Data

屋主：陳小姐

陳小姐是牙醫師，先生則是空大的外籍講師，和妹妹以及狗狗一起住在辛亥路邊面對山景的社區上，還擁有美麗的綠手指。

所在地：台北文山區

屋齡：18 年

坪數：25 坪

格局：三房二廳一衛

家庭成員：3 大 1 狗

尋找小包時間：
2010 年 3 月

正式裝修時間：
2010 年 4 月～ 5 月

裝潢清潔費用：
NT 6,000 元

　　當我們提到要採訪陳小姐位在山坡上視野良好的家時，她顯得有些驚訝：「我們家沒有做很多東西耶？」怎麼會這麼說呢？好的裝潢設計應該和做什麼沒太大的關係吧？「我先生是美國人，和我們對於裝潢的觀念不大相同。」陳小姐和我們解釋：「台灣人不是都會覺得裝潢就要全間都做起來、釘櫃子啥的要弄很久嗎？想變動就得拆掉，他覺得那樣很浪費時間又不環保，而且既然都改成和原來不一樣，幹麻不一開始就挑一間合意的，所以其實我們除了浴室，也沒拆什麼。」的確，看著裝修前的照片，除了衛浴，乍看之下也只有添了系統櫃和木地板，就連房間的衣櫃都是沿用舊的，只是重新噴漆；房子牆壁換上新的色彩、在新配燈光的魔力下，卻顯得清爽又溫馨。

找大樓清潔人員省錢發包

　　雖然不是大翻修的複雜工程，也是歷經拆除、水電、泥作、油漆、燈具衛浴、系統櫃、地板，好不容易漫長的施工期間總算到了尾聲，是時候把所有垃圾灰塵通通清理乾淨了。幾個月無人居住，加上工程中製造的粉塵，讓陳小姐覺得應該還是找專業人員，才可徹底清除。她說：「我們家有狗啊，狗毛會很容易吸附灰塵的，稍微髒一點就一直打噴嚏，會覺得很心疼。朋友說裝潢

粉塵要清起來很費事，我們家就我和老公、妹妹三個人，沒甚麼時間和人力，所以還是想找清潔公司。」為了清潔品質，找了幾間來估價，結果大出夫妻倆的預料：「連估三家，每家都超過一萬，我都不知道清潔這麼貴！而且居然還不包括保護墊拆清？！」如果是統包，通常保護墊都是由最後進場的工班拆走（通常是油漆）。但由於是自己發包，沒經驗根本就不知道。「有一家說可以加一千幫我們拆，如果要叫車運走，還得再加一千，老實說我們有點被高價嚇到了，所以決定自己研究看看。」

就在此時，有高人告訴他們一個秘訣：找社區大樓的清潔人員。「其實我們之前有問過，但社區的清潔公司不做裝潢清潔，朋友叫我們直接問清潔阿姨可不可以做外務。」原來，本來就在這裡工作的清潔阿姨，工具器材都放在這，不需要出車搬運，只要人到就好，光這樣就可以省好幾千，就這樣用六千元找到三個人。

圖片提供 _ 朵卡設計

☺ 主人收藏各式各樣貓頭鷹造型雕塑。

☺ 輕裝修打造溫馨的家。

圖片提供 _ 朵卡設計

⊕ 餐廳錯落有致的吊燈組。

⊕ 舊門上了和牆壁一樣的顏色；將對講機與掛畫放在一起 對講機就不會那麼明顯。

⊕ 臥室沿用舊衣櫃，只用噴漆換了新表情。

請清潔隊清運省費用

　　但保護墊清運的問題還沒解決，陳小姐想：「塑膠瓦楞板屬於可回收垃圾，木板屬於一般垃圾，清潔公司就算收也是送到清潔隊或回收場，說不定清潔隊可以收？」「我上網查，發現環保局的 Q&A 上有提到家戶自行修繕得裝潢廢料只要不屬於石材碎（塊）廢棄物，裝不下專用垃圾袋的都是可以請清潔隊到府清運的巨大垃圾，太好了！」

　　清潔當天，陳小姐和先生也到新家查看。「朋友說請人清完之後我們自己大概都還得再清一遍，所以我才想要到場看著，結果發現如果要到我覺得 ok 的標準，一天一定做不完，結果我先生居然說那就一起掃吧！」陳小姐笑著說，他倆就乾脆捲起袖子，用清潔人員的工具一起擦啊抹的，傍晚完工，一次解決，「躺在乾淨的地板上休息，就有一種好像這房子是自己親手造的錯覺，雖然沒有機會全部 DIY，但看到努力有了成果感覺真的很好！」

⊕ 廚房地壁磚也沒有更換，只有換新的廚具。

⊕ 不成對的桌椅看起來更隨性。

設計師小錢裝修秘技

☑ **請同社區大樓的清潔人員**

一般社區大樓都有請清掃公共空間的專業人員，因為每天都在同個地方工作，清潔工具也都放在該處，相較於外面的清潔公司少掉了搬移的成本。可以問看看大樓的打掃阿姨能不能承接，通常會比外面便宜 40～50%。

圖片提供＿朵卡設計

⊖ 請同社區大樓的打掃阿姨來清潔，通常會比專業裝潢清潔公司便宜。

☑ **自行 DIY**

想省錢，也可以自行 DIY，只是裝潢清潔比起一般清潔吃力很多，如果不是專業熟手，三房兩廳兩個人清大概得花好幾個工作天。注意清潔用品找坊間可買到的、大廠牌出品的專用清潔劑，避免使用強酸強鹼或自己不熟悉的揮發性溶劑，造成建材損壞；多找一些親友同事幫忙，請大家吃吃喝喝，不但比找清潔公司省，還可以增進感情。

圖片提供＿朵卡設計

⊖ 清潔想省錢，可以自行 DIY，多找一些親友同事幫忙。

用天然方法清潔更健康

圖片提供 _ 朵卡設計

⊖ 浴室是大部分的汙垢如水垢、皂垢都屬皂鹼類，可以用醋軟化清洗後，再用小蘇打粉清洗。

1.清潔善用小蘇打粉、白醋、肥皂水

　　市面上的居家用清潔劑可分為酸性、鹼性和中性，事實上成分幾乎都是酸鹼溶劑加上界面活性劑和軟水劑、香料等添加物，其實可以多用小蘇打粉、白醋、肥皂水來清潔，只要知道汙垢屬於哪種性質，對症下藥，不但對環境影響低，也便宜容易取得，可以大量使用。

　　浴室是大部分的汙垢如水垢、皂垢都屬皂鹼類，可以用醋軟化清洗；廚房油垢則可以用小蘇打粉溶液或直接灑上去擦，遇到陳年舊垢除抽油煙機的扇葉，可以將小蘇打粉加水調成糊狀抹在油汙上靜置數分鐘再擦洗；有黃斑等髒汙的衛浴、廚房水槽面盆，白醋或小蘇打都有很好的清潔效果。

　　一般磁磚和塑膠地板可以用 1:1 白醋兌水稀釋拖地；不可水洗的地毯，可以將小蘇打粉或乾燥碎

圖片提供 _ 朵卡設計

⊕ 屋內放置植栽減少落塵，也有助維持空氣乾溼度的穩定。

茶葉灑在上面，過一兩小時之後用吸塵器吸起；一些無法水洗的布質傢具如果弄髒也可以用乾小蘇打粉擦再掃掉，市面上的乾洗粉成分都有包含小蘇打粉。

讓人煩惱的磁磚縫或矽利康黴斑，可以用衛生紙沾白醋覆蓋在發黴處至少 30 分鐘，再刷洗，如果較為嚴重，可以改用市面上的除黴劑或漂白水，成分差不多。

中古屋馬桶或水管清通，則可以用一杯小蘇打粉比一杯醋，先放小蘇打粉再倒醋，然後把馬桶或管口蓋上靜置 30 分鐘，產生的氣泡可以沖開阻塞物，並且軟化管壁的汙垢，再用一兩公升的熱水沖下去，平常也可以這樣保養水管，特別是廚房移位或外推，水管可能不是原來設計的排水管，必須至少一個月保養一次。

II . 定期清潔保養樂活好宅

設計再好的房子其實和人一樣，建材也會隨時間和使用逐漸衰老破舊，但如果有保養，可以有效延長使用壽命，提升居家安全和生活品質。例如插座蓋、櫃子後面電線，如果定期清掃，灰塵油垢不會累積，影響接觸和絕緣層壽命，對用電安全有絕對的助益。屋內放置植栽減少落塵，也有助維持空氣乾溼度的穩定。樂活其實是一種生活方式，而不僅僅是屋子本身喔！

清潔工程發包小叮嚀！

漫長的裝潢過程中於到了尾聲！最後的清潔過程還是不可疏忽，以免讓辛苦的成果受到損傷。

1. 請他人代勞得找立案的專業裝潢清潔公司，確保使用安全的清潔劑和工法。

2. 請對方務必到現場來估價，並提供書面合約。

3. 有沒有含清運的費用，在估價時務必問清楚。

4. 驗收時檢查重點：1.是否還有殘膠、泥作和油漆痕跡；系統櫃和玻璃表面的貼紙和簽字筆書寫痕跡必須清除。2.檢查窗戶、玻璃等亮面是否有水漬。3.櫃內五金、門板線板裝飾、門片高櫃上方是否還有灰塵。

5. 想要省錢可以詢問同社區大樓的清潔人員是否願意承接。

6. 或是找一大票親朋好友 DIY，一起幫忙順便聯絡感情！

圖片提供＿朵卡設計

圖片提供＿朵卡設計

☺ 專業的裝潢清潔公司有專業的清潔用具及清潔劑，不是一般家庭清潔用得到的。

Chapter 16

Curtain 窗簾

裝窗簾到底是要重功能還是重風格呢？

先達成功能再考慮風格，打造美形窗簾！

窗簾雖然不大，但其中學問卻不小。例如：型式的選擇、布材的選擇、遮光性及透氣性等功能，相關配件的選擇及安裝時細節等，搞清楚了才能將窗簾的效果達到最佳狀態。

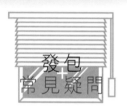

發包 + 常見疑問

Q：窗簾款式那麼多，應該用哪一種？

Q：什麼窗簾隔熱、遮光效果最好？

Q：為什麼一樣尺寸數量的窗子估出來的價格會差好幾千甚至好幾萬？

A：窗簾分為 2 種：左右開的直簾（雙開簾），和上下拉的橫簾（羅馬簾、捲簾、百葉）。傳統的窗簾建置 大部分依窗型來建議，但若以窗簾下是否放置傢具來考慮，決策會更簡單：若無傢具 可以設置直簾；若下有傢具則設置橫簾，接著依據隱私、透光和隔熱等功能需求選擇更進一步的材料，例如：部分隱私＋少許透光時可用紗簾、調節光量還可以通風用百葉、要透光隔熱雙開簾可以用三明治布。先考慮隱私、透光和隔熱「功能」，最後才是選擇布料花色的「風格」考慮。

A：直簾可以選擇三明治布，這種窗簾布是兩層布中間夾黑紗，透光度隨黑紗密度而有差異，可以到達 90% 以上，優點為柔軟且有多種花色可挑選，可直接在室內使用而不影響美觀，顏色、花樣多為印色，有素色與花布可以選擇；橫簾則捲簾布片種類最多，有的遮光率能達到 99% 以上。當然先要了解為何要遮光：是為了隔熱、隱私還是不希望太亮？前兩者有效果更好且不影響採光的隔熱膜和毛玻璃可替代；後者有調節光量的需求可選擇百葉窗。

A：窗簾的價格分為四部分：布料、車工、軌道、安裝工資，分開來報價會發現後三者在市場上的價差不大，主要的價格差異在布料。外行人很難分辨布料的差異，不過一般布料樣本上標示的「Code」後三碼或四碼即是布料牌價，可作為布料相對價值的參考；售價會依據不同的樣本，牌價打五到八折不等，拿到哪一個折扣當然也看個人比價、議價的能力。

攝影＿葉勇宏

☺ 左右開的直簾是居家最常見的窗簾之一。

如何看懂估價單？

項次	品　　名	規格	數量	單位	單價	金額	備註
1	（客廳）雪花紗	（無接縫）	15.4	碼	420	6,468	（2 窗）
2	車工		16.0	幅	100	1,600	
3	軌道		19.0	尺	80	1,520	
4						-	
5	（臥室）布 26502	（透光）	28.5	碼	320	9,120	（2 窗）
6	雪花紗	（無接縫）	17.4	碼	420	7,308	
7	車工		26.0	幅	100	2,600	
8	軌道	（單軌）	21.0	尺	80	1,680	
9						-	
10	（後陽台門）捲簾 P01		24.0	才	90	2,160	
12	（更衣室）白色木片百葉	（25mm）	14.0	才	110	1,540	
	總計新台幣：					33,996	

註：以上估價含施工。

說明：窗簾一般計算尺寸的單位是台尺，因此在計算之前，先將你家的窗戶尺寸換算成台尺。

1. 布料以「碼」計價：到布行看布，會發現布料都是一捆一捆擺在店面，一捆的寬度固定，通常是 90cm（3 尺）～ 150cm（5 尺），而現在也有無接縫布的布幅達到 300cm（10 尺），依據需求剪裁所需長度，一般是以「碼（3 尺）」計價，剪下一塊稱為一「幅」布，因此一幅布的面積就是布寬 x 長度（碼）。

2. 我需要多少布？ a. 先算出布幅數：窗簾布的接法是橫向一幅幅的接過去，窗戶的寬度決定需要幾幅布：窗戶寬（尺）÷ 布寬（尺）= 幾幅布（無條件進位，因為布只可買整幅）。如果是傳統左右對開簾，因為打摺所以還須 2 ～ 2.5 倍的布寬（依布料不同略有差異）：窗戶寬（尺）× 2÷ 布寬（尺）= 幾幅布。b. 再算出用布量：［窗戶高（尺）+1 尺（上下收邊摺）］× 幅數 ÷3（3 尺為 1 碼）= 用布量，若要對花使圖案接續，則每幅布還須加 1 ～ 2 尺（確切數字就是圖案大小，樣本上標示「repeat」）

3. 無接縫布（紗），因為本身就已經高達 300cm，因此只要依窗戶寬度計算所需用布碼數：窗戶寬（尺）×2（～ 2.5）÷3= 用布（紗）量。

4. 橫簾以「才」計，不是使用布料的橫廉，例如材質硬挺且多樣的捲簾和百葉窗，計算單位以面積單位「才」計算，也就是 1 尺 ×1 尺，也不計算軌道費用。

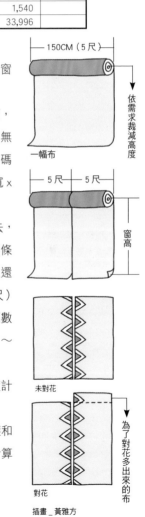

插畫 _ 黃雅方

窗簾安裝學問大

圖片提供 _ 朵卡設計

⊖ 必須要在現場挑選，配合光線才能選出理想的布料。

1．現場光線下選料：若非自行買現成窗簾，窗簾發包一定需要窗簾廠商上門服務、丈量尺寸方便估價預算，若能用現場光線、顏色 進行布料搭配，讓你看到實際效果，會更能夠想像裝好的樣子。

2．請木工預留軌道空間：窗簾進場晚，因此在木工師傅進行包樑、釘天花板等作業時，記得預留安裝窗簾的空間。直立對開簾一軌需 12cm，雙軌需 18cm；橫簾（羅馬簾、捲簾、百葉窗）則需要 12cm，若在木作進場時 還是不知道窗簾要做多寬時 乾脆就不要留窗簾盒，現在的窗簾頭和軌道都不太醜，露出也無所謂。

攝影 _ 葉勇宏
⊖ 木工在做包管線的裝潢時要預留足夠的寬度掛窗簾。

3．由需求判斷要什麼窗簾：挑選窗簾多是在居家改造的後段，許多新屋因為尚未入住，所以無法掌握對於窗簾功能上的需求，例如：景觀、西曬、噪音、隱私等等，建議多觀察光影在室內一天的變化，再做判斷。簡單的來說就窗簾也就是「用風格來完成功能」，因此如果沒有弄清楚裝窗簾是為了什麼，只專注在挑布料花色，就本末倒置了。

4．落地窗用直簾、半窗用橫簾：大面積落地窗大多用這種形式的窗簾，美觀且方便進出。除了落地窗，半窗若是下方不放傢具，大可以使用落地直簾，看

施工流程

木工包冷氣管線一起做好窗簾盒。

在兩側鎖好支架就可以直接安裝布片捲。

在預留的軌道空間裡安裝捲簾。

起來大方穩重，且視覺上放大窗戶、拉高天花板的效果，特別適合小空間。半窗下方若放傢具，則可使用橫簾，較為俐落簡潔，為了凸顯美式風格 也可以使用木百葉。窗簾還可作得比實際窗戶大、有放大窗的效果，也可以拿來遮掩畸零、問題空間作為最後的收尾，不一定要在有窗的地方才可掛窗簾。

5. 窗簾的風格：簡單素色最安全 　房子的整體風格和顏色使用，決定著窗簾挑選的顏色、花布，若窗外是百萬美景，窗簾不應該搶過窗外景色，宜以素色為佳，素色可以是房子的同色或對比色，窗簾簡單素色最安全也最耐看。若真選擇花樣，大空間適用較大花型給人強烈的視覺感，較小房間與鄉村風適合較小花型或浪漫碎花，不僅使空間有所擴大，也容易營造溫馨、恬靜的居家感，花布窗簾要注意兩邊窗簾拉攏時花型要對得上。

6. 選色搭配牆色光線 　緊接著挑選適宜的顏色。窗簾的顏色應與室內存在的大面積的色調相呼應，但得與牆面顏色有所區別，體現立面顏色的層次感。比如房間傢具是深棕色，窗簾的顏色就不能選擇太深，太深了會感到沉悶、不寬敞。晚上窗簾要拉攏，配置的窗簾的顏色還要與燈光協調。使用普通燈泡，光帶黃色，窗簾的顏色就不宜太深；如果採用日光燈，白色的燈光，窗簾的顏色就可以深一些。

圖片提供＿朵卡設計
⊖ 裝上窗簾以前，可以看到原本的看起來頗突兀的黑色窗框。

攝影＿葉勇宏
⊖ 整面牆都裝上天到地的落地窗，完全蓋住窗框，空間顯得沉靜且具有整體感，解決了窗框不搭的問題。

安裝完成。

試拉看是否順暢。

活用窗簾隔間和營造風格

攝影　葉勇宏

削著短髮、一身俐落套裝的 Joan，娃娃臉卻有明亮沉穩的眼睛，讓人猜不出年紀。用努力工作的積蓄，買下這幢俯瞰大學校園的大樓單位，這裡是她夢想的未來。「現在只能當自己的工作室、短期可能要出租，工作許可的話，未來希望有一天可以在這裡生活。」

人生第一間房子，哪怕是坪數不大，總還讓人有點不知所措。透過朋友找了室內設計師，對方很快的幫她規劃完成客變：無隔間的 Loft 風設計：客餐廳、廚房、臥室一一定位，只是接到設計圖和報價時，Joan 受到不小的衝擊：「當時指定了義大利鄉村風，結果設計師為了符合那種感覺，做了很多手工訂製的特別設計，也因此讓預算提高了不少。」Joan 只好放棄了南歐飯店主題套房的想法，也沒法負擔設計師統包的價格，開始自己嘗試自己動手發包，想要降低預算。

思考家的意義

提供咨詢的邱柏洲告訴她：「什麼人住，房子就會是什麼樣子。你住的房子就是你的放大！」Joan 開始認真思考風格之於自己的意義，越往內探索「自己的家」就越驚訝：自己其實要的很簡單——"Home is where the heart it is." 家就是心所在的地方，家應該是可以把心放下、不用矯飾、真正做自己的地方，原來當初想移植的

Home Data

屋主：Joan

有著慧詰眼睛的 Joan 喜愛閱讀和旅行，對於工作總是全力以赴，對於自己重要的房子，當然也是一樣認真。

所在地：
台北文山區

屋齡：1 年

坪數：13 坪

格局：
無隔間客、餐、廚、臥與一衛

家庭成員：1 大

尋找小包時間：
2012 年 2 月～3 月

正式裝修時間：
2012 年 4 月

窗簾裝修費用：
NT.42,200 元

是旅行中把心放下往心尋找的自省,而不是形而外南歐的街景與磚塊。

想開了,就不再堅持特定風格:「後來發現其實也不是非得某個樣子不可,我並沒有特別的規劃與設計,就是 let it go、讓它自然發展演化。」Joan 說。

不過,該決定的還是要決定,有些看似單憑喜好就可以解決的事,其實沒想像中簡單,「窗簾真的很難挑呢!」Joan 說,望著高高一疊的目錄實在很困擾。對於窗簾,Joan 當初也充滿了無限憧憬:「我本來想用一款進口緹花布,但是一看價格嚇一跳,一碼居然要 NT.900 元!後來設計師說應該先看看這個房子為什麼需要窗簾、為什麼需要花布。」Loft 風沒有隔間的 13 坪裡,四扇需要窗簾的窗都面東,沒有西曬問題,與鄰居棟距又夠,其實只有隱私和睡眠需要而已,所以在客、餐廳的部分其實根本不需要布簾,只要密一點的紗簾就夠了。

其實不是僅有窗的部分才裝窗簾,窗簾還可以遮擋畸零空間。「Joan 因為一個人住,收納不緊迫,所以窗下多無傢具,選用直簾,但四面每扇

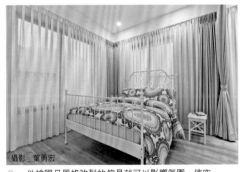

攝影_葉勇宏

⊕ 一件搶眼且風格強烈的傢具就可以影響氛圍,使空間定調。濃濃鄉村風的白色鑄鐵床架扮演了關鍵角色。

⊕ 四扇窗都面東,沒有西曬問題,與鄰居棟距又夠,根本不需要布簾,只用雪花紗簾就夠了。

離地 60 公分，長 200 公分 × 寬 200 公分的大窗鄰得近，窗與窗之間的畸零空間我們還是做了窗紗，這樣不僅解決空間的分割，也沒有橫簾會有切斷空間的疑慮，又因為直簾拉高天花板，另一個效果是遮住難看的黑色窗框，環繞的窗紗一舉多得。」邱設計師解釋著。

窗簾做成臥房隔間

在邱設計師的指導之下，Joan 最後客廳選擇了僅用雪花紗，不裝布簾，因為客廳不需要深層隱私與不透光，臥房選擇了與綠牆對比的米色的三明治布料加上雪花紗，而且選用飯店用好拉的鋁軌，而不是南歐常用的軌道外露的窗簾桿形式：「窗簾每天都要拉，還是好拉最重要」甚至臥房的隔間都用窗簾做成。

Loft 風居家床與客廳不一定需要間隔，但又想客臥之間有區隔，所以就利用窗簾隔開，晚上睡覺時拉上窗簾做成的隔間可以有自然的隱蔽，睡覺時也會更有安全感，形成一種無須擔心的氛圍，更容易入眠。白天也可以打開增加客廳與臥室之間的穿透性。

攝影_葉勇宏

⊖ 開放式廚房搭配系統櫃打造的吧台，兼具隔間、置物功能，也是理想的一至二人用餐空間。

攝影_葉勇宏

⊖ 用不占空間的布簾，平常訪客來時只要拉上，就可區隔私密的臥室和客、餐廳。

攝影_葉勇宏

⊖ 玄關設置足量的收納空間，方便放置外套、包包和鞋子等外出用品。IKEA PAX BIRKELAND 系列門片，較坊間大部分系統櫃的鄉村風門片質感好，也比木工手作便宜。

裝潢也是一段了解自己的旅程

簡單的色彩、傢具和佈置，就可以表現自己覺得最舒服的氛圍，「曾經考慮過的紅色磚牆和深棕色木頭地板，現在想想有點太厚重不耐看，果然要先了解自己，才能找到家的樣貌。」Joan 很開心當初接受了調整的建議，並慶幸完成安身立命的家。

問 Joan 有什麼地方覺得當初可以做得更好，她說：「一開始就參與規劃吧！」第一個設計師其實只有問她要甚麼風格、幾個人住，接下來就畫圖，溝通並不多，當初的格局是設計師所認知的「客戶的需求」，而非 Joan 自己的想法。「當時工作忙，以為只要丟給人家處理就好。」在後面新的李耀輝設計師輔導、自己發包的過程中，Joan 逐漸了解自己想要什麼，「要是當初有多想一點、反應在格局規劃上一定更理想！」她表情認真得說：「自己要住的房子，還是不能偷懶呢。」

攝影＿葉勇宏

☉ 單人小坪數空間，不需要用隔間牆再切割得更細碎。無隔間的 Loft 風設計，讓空間寬敞又大器。

☑ 不一定要裝窗簾

窗簾以「功能」為主，如果可以控制非理性的風格考量，純粹以「功能」遮蔽、防曬考量的話，窗簾是不一定要用的。以下二種情況都不需要裝窗簾：

● 窗外是一片綠野山景、無敵海景、或是在附近建築物的制高點上、景觀第一排，要是沒西曬、一里之內又沒有人看得到，不需要遮蔽隱私，其實不裝窗簾也沒關係：裸湯的無簾大片窗景就是個好例子；若有西曬的情況，也可以貼不影響視覺感受的隔熱紙，隔熱效果好也不會浪費景觀。

● 棟距很近，有採光需求，但開窗又沒景、甚至是想避開的亂景。在可以用霧玻璃，引光不引景，若無強烈西曬，窗簾也可以省下來。

單軌窗簾	紗聚在中間
布 紗 紗 布 簾 簾 簾 簾	布簾拉上

插畫 _ 黃雅方

攝影 _ 沈仲達

☺ 沒有窗簾盒也沒關係，不影響美觀。

☑ 單軌雙簾，省軌道與空間

半遮蔽功能的窗紗和全遮蔽的窗簾，沒有必要同時使用，因此可以掛在一支軌道上，而不需要兩支平行軌道，省錢也省空間，窗框上更輕盈。以「簾—紗—紗—簾」的順序掛，就可以單獨使用窗紗或窗簾；唯一的缺點是使用窗簾時窗紗會聚集在中間些微透光，對於一般家庭的客廳使用應該不會造成影響。

☑ 不做窗簾盒

窗簾盒一開始沒規劃，之後就很難再請木工施作。事實上，現在窗簾布頭的並不難看，軌道可以直接裝在窗框上方牆面，而不影響功能和美觀，還可省卻一筆費用。

☑ 多選素色簾

窗簾其實和油漆一樣，屬於風格中的背景，主要以「融入」的手法，襯托作為「跳出」效果的活動傢具、掛畫擺飾等，特別是大片落地簾，太過鮮艷花稍，反而模糊室內焦點；國產布的圖案都不大又瑣碎，

遠看並不清楚，很難感受到精心挑選的質感，還不如用素色布，價格較花布低，將預算集中在更能凸顯風格的傢飾上。

☑ 多選國產布，少用進口布

窗簾布料的貨品來源可分為進口和國產兩種。進口布料以西班牙、法國、德國、美國等歐美國家和近鄰韓國、日本為主。雖然進口布的懸垂性、色澤光澤感和色彩輕重都較國產布為佳，但價格卻差很大。購買窗簾布時要注意是否存在異味，如果產品散發出刺鼻的異味，就可能有甲醛殘留，最好不要購買。

⊖ 選購窗簾時，要注意是否有異味，避免買到含有甲醛殘留的布料。

☑ 自己 DIY 窗簾桿

窗軌是窗簾整體外觀效果與經久耐用性關鍵，窗軌是不是堅固、順不順、拉起來吵不吵是窗軌好壞的主要判別標準，若是鋁軌可要求飯店用的軌道（拉棒軌），若是鄉村風格，也可以使用窗簾桿，窗簾桿的安裝及拆卸十分方便，可以自己 DIY。一般而言窗簾桿寬度若超過 240 公分，建議在中間再加裝一個托架，以防窗簾桿中間的下垂。窗簾桿不像鋁軌那麼好拉，可以噴蠟讓軌道更順暢。

☑ 剩下布料做成抱枕

由於窗簾布料是以「幅」計，可以將做窗簾剩下不滿一幅的布料，做成抱枕，放在沙發或床上呼應同款窗簾效果不錯。多數窗簾行也有做抱枕套、坐墊套、沙發套、繃床頭板或換沙發面，但製作沙發套和換沙發面做工繁鎖，連工帶料價格往往和新買一座差不多，因此願意做的人少。

除了布品，窗簾廠商往往也做 PVC 塑膠地板。這兩項同屬裝修最後期的工程，有需求可同時發包，集工更省時省事。

⊖ 窗簾桿可以自己 DIY，省下一筆裝修費。

窗簾價格與種類

圖片提供 _ 朵卡設計

⊙ 廠商會出一本本這樣子的窗簾布樣本

Ｉ. 窗簾的價格

A. 窗簾價格包含四部分

布料、車工、軌道、安裝工資。有些廠商標榜免車工安裝費，只是將後三者全部包含在布料費用裡，看起來比較單純，但不見得會較便宜。

布料是窗簾價格結構的最主要部分，也是最混亂的部分。當我們去挑窗簾時，店家拿出一本本的布料「樣本」，這些樣本「品牌」，例如凱薩、雅式多……等等其實是由各產地工廠收集進貨的布商，再經銷給與消費者直接接觸的窗簾布品廠商，編製樣本方便客戶選購。布料以「碼」計價，三台尺為一碼；樣本裡標示的「Code」不是一般編號，後三碼或四碼即是布料每碼牌價，各個經銷商通常都會據此打折銷售，雖然各自抓的利潤不盡相同，當然身為消費者我們很難知道底價，但還是有個行情在，例如：凱薩約 6.5 折、雅式多平均約 6〜7 折，單價較高的喬谷也是 7 折左右。市場上一碼 NT.300〜500 左右是中上等級的國產布料，歐

圖片提供 _ 朵卡設計

⊙ Code 後三碼就是價格；Width 是布料幅寬；Repeat 為圖案大小，是對花加布的標準；圖為無接縫紗，因此沒有圖案。

美進口布料一碼 NT.1,200 元以上，但高單價的商品少見，也較少人使用，因此比價不易，也很難知道店家報價是否合理；而 NT.200 元以下的則多是大陸進口的平價布料。

布料種類、材質、工法多如繁星，外行人很難分得出差異，特別是窗紗，看起差不多的雪花紗報價差到一倍，摸了才知道厚度不同，掛起來一看才發現垂墜感也不一樣；「Code」是我們可以依照價位粗略分辨相對布料等級的一個依據，但是影響牌價的原因眾多，高價不代表就是比較好看好用，省錢的關鍵就在便宜的布料中找最好的東西。

B. 車工通常都由專業車工廠負責

少數由直接與客戶接觸的窗簾行自己車製；直立布簾車工的工錢以布幅數計，一幅 NT.60〜150 元不等，合理的價格平均落在 NT.100 上下，市場價差不大。羅馬簾由於車工較為繁複，工錢以「才」計算。

C. 軌道種類繁多

從穿環的木桿藝術軌到電動式，當然價格多樣，不過無論哪種都是以尺計價，一般會有基本尺數，如少於 5 尺一律以 5 尺計。直立雙開簾的軌道有傳統的 J 型軌、Y 型軌到現在的耐重高、無繩的拉棒軌（M 型），在選擇品牌上，其實好的窗簾廠商願意提供後續維修服務，比起五金品牌來得重要多了。

攝影　沈仲達

◎ 窗簾價格的多寡決定於布料種類、長度、五金配件等。

D. 安裝工資有些廠商會另計

大多以窗計，例如一窗 NT.600 元或 NT.800 元，依工程複雜度和區域有蠻大的差異，但不少廠商因為後續許多調整、保固等服務，因此連工帶料報價；這兩種報價方式總價不會有什麼影響。

Ⅱ. 遮光隔熱用三明治布

要遮光隔熱，過去流行銀色的防光布，一碼大概 NT.200 元，可以折射部分光線，但缺點就是硬、不能水洗、曬久了銀色塗料會剝落，而且實在不怎麼美觀，因此除非熱或亮得受不了，很少家庭會用，要不然就是再多掛一層裝飾用布。不過最近幾年有了三明治遮光窗簾布，顧名思義就是三層布疊在一起，素色或有花色的本布（表布）和後布（底布）中間夾黑的消光紗，質地軟、可水洗，還可和其他布料車在一起使用，且遮光率還能到 90%，當然價格上會比防光布高，品質中上一碼約 NT.400 元左右，不過因為花色顏色多可以直接掛家裡，沒有另外掛裝飾用布的必要，一層布就可以兼顧美觀和遮光，是相對實惠的選擇。

挑選遮光布時將布拿起來對著光源看，就可以判斷透光程度；如果真的連微光都不能忍受，也可以在背面在加上銀色防光布，可以達到 97% 以上的遮光效果。

III. 窗簾的種類

A. 直簾：適合用在落地對開窗簾。

普通雙開或是左右橫開的布簾，是一較傳統的窗簾款式，不但耐用，更換容易，清洗亦方便。布簾可與多種布料相襯，如紗簾，可令家居顯得高貴浪漫，兼顧通風美觀；配上遮光布，可達致 90% 以上的遮光度。

直立簾的面料最多，以人造纖維為大宗。未經加工處理的天然纖維，如棉布、麻布並不適合做為窗簾材料。因為直立簾必須垂掛，深受重力影響，也長時間接受日照，天然纖維穩定性低，容易變形或褪色，因此並不是喜歡什麼布料都可以做窗簾，必須是專業的窗簾布料才行。

B. 橫簾：

適合用在窗下有擺放傢具的半窗，看起來較為簡潔。常見有捲簾、折簾、百葉簾、羅馬簾。

- 捲簾、折簾：捲簾材質多樣，有人造纖維、木質、竹質等。人造纖維布片還發展出各種功能，例如可以抗 UV 遮光達 99% 以上、防靜電防火、抗菌防蟎等，因此在價格上差距也大，一才幾十元到二百元都有。捲簾外型簡潔很適合自然風或現代風，而平均造價也便宜、安裝容易為 DIY 首選。

- 折簾包括百折簾和蜂巢簾，性能接近捲簾，但較捲簾平整的布片視覺上更有變化，蜂巢簾結構設計有較強的吸音隔熱效果。

- 百葉簾特性是可以任意調整進入的光量，兼顧通風和隱私，沒有織品容易藏塵蟎的問題，常見鋁片、木片或竹片，早期鋁片居多，雖然顏色多樣但容易變形，軟軟的不好清理；近年木百葉隨著鄉村風的盛行而普及，只是單價較高。

- 羅馬簾做為半窗簾，真的很好看，是很多人夢想中的窗簾樣式，但實在很難保養。由於複雜的結構，車工價格高，特殊的升降五金損壞的比例也很高，最常發生是在穿吊繩子的塑膠環因為位在面向陽光的一面，而被曬脆

攝影 沈仲達

⊙ 百葉簾特性是可以任意調整進入的光量，兼顧通風和隱私，沒有織品容易藏塵蟎的問題，

斷裂；羅馬簾也幾乎不能拆洗，能拆洗的款式也很難拆，多數窗簾行都會建議要拆找專人，還得付工資，想用羅馬簾得好好考慮。

IV. 實木百葉門窗

傳統的百葉拉起較重，也有較輕鬆打開的實木百葉門窗，就和一般鋁門窗一樣用推拉或折疊方式開合，這樣的設計充滿了美式鄉村和殖民地風味，但必須考量窗戶空間且所費不貲。

V. 隔熱膜

如果沒有隱私或變化光量的需求，可以考慮用隔熱膜取代窗簾，或是隔熱膜搭配遮蔽用窗簾。傳統隔熱膜大多有顏色，因此不是很受居家歡迎，不過 3M 近年推出的日光調節隔熱膜 Prestige 系列（高透光系列），與傳統隔熱紙最大差別在於可以做到透明無色，隔熱抗 UV 但不影響採光和景觀，而且無金屬電鍍層，也不干擾手機收訊。隔熱膜在隱私防護上雖然不如窗簾，但隔熱和抗紫外線上絕對勝出許多。隔熱膜同時也有保護玻璃的功能，應付颱風綽綽有餘。價格以「才」計算，一才報價約 NT.200 元，和窗簾類似是由固定寬度（150cm 和 182cm）的膠膜捲裁切。

攝影 _Amily

⊙ 實木百葉門窗充滿了美式鄉村和殖民地風味。

窗簾工程發包小叮嚀

1. 了解西曬、噪音、隱私、棟距問題，窗簾是「用風格來完成功能」。
2. 基本上窗外有景有光無西曬可以不做窗簾；有景有光有西曬只要隔熱不要遮光可以用隔熱紙；無景可以乾脆用霧玻璃。
3. 窗簾樣式選擇的原則：窗下有傢具用橫簾，沒有傢具用直簾。
4. 稀少布料難比價，省錢多用素色簾。

Chapter 17

Furniture 傢具

如何避免流於將傢具店搬回家的公式化？

混搭傢具，
空間佈置出奇制勝！

很多人在購買傢具時有很多疑惑，也有不少錯誤的觀念，街上傢具行百百種，更不知該從何處逛起？到底該如何花少少的預算，買到物超所值的好傢具？文中整理重點，希望能幫助你找到採購方向。

發包
＋
常見疑問

Q：請問買傢具可以要求打折嗎？

A：普通消費者購買傢具當然可以要求打折，大部分傢具店用量來制衡價錢，買越多折扣越多。但這樣的方式不適用在如 B&Q、IKEA 大賣場或不二價的傢具店，例如詩肯柚木。在有些傢具店，設計師可以拿到比較好的價錢，因為設計師有較大的客源與較大的量，例如品東西就提供「設計師專業卡」92 折的福利。無折扣並不表示其最終價格就高，只是每家傢具店的價格策略不同罷了，使用折扣價格策略的傢具店，適用在一般如大都會、紐約紐約、或其他連鎖傢具店，像美式風格的艾莉家私的暢銷貨品，通常可以拿到 65 折，但是銷售員會觀察消費者是實際購買，還只是來詢價而已，若其判斷消費者只是詢價，他很難在第一次見面時就給予折扣。

那麼，要怎樣才能拿到詩肯柚木的折扣呢？大部分時間，詩肯都有幾項傢具在特價，例如電視櫃一定有一組在 1 萬元以下，床組定有一組在 2 萬元以下，其他未特價同型商品可能貴上 1 到 2 成，所以這樣特價對詩肯的商品來說還蠻優惠的，若確定要用詩肯的，但不確定是否要用特價那款，可以先付 1/3 訂金，將來即使特價期間結束，還是可以買到特價商品，這是一種詩肯特殊留住客人的方法。

Q：傢具如何擺置才會讓空間有擴大之效果？

A：傢具越大，雖然收納越多，相對的人剩餘活動範圍就越少，而且傢具越多、量體越大，靈活擺置的可能性就越小；傢具越雜，能表現空間的獨特美也越不可能。所以如果要放大有限的室內空間，傢具就要又小又精，例如客廳沙發、茶几的總長最好不要超過沙發牆的 90%、空間太小別用高背沙發、餐椅選背部鏤空的。

攝影／yvonne

☺ 要放大有限的室內空間，傢具其實就要又小又精。

Q： 我家人都非常念舊，現有的木板隔間及玻璃窗有可能與新裝潢融合嗎？

A： 可以啊，你家就是你的空間美學的風格呈現，現有的木板隔間及玻璃窗都可以做出懷舊與復古的味道，若你也喜歡懷舊與復古的味道，甚至與現代簡明的設計做衝突，都可以表現你真性情的品味。混搭不求對稱一致，但一定要極力協調，協調的手法很多：顏色、材質、位置、比重都是方法，端看你的美學功力，這樣不對稱協調的混搭，避免流於將家具店搬回家的公式化，也是空間佈置要出奇制勝的重點方法。

攝影 _Yvonne

⊕ 老式的玻璃窗和舊舊的傢具都可以做出懷舊與復古的味道。

如何看懂圖面？

屋主可以自行繪製自己家的平面圖，將牆面的尺寸標示上去，再去尋找適合尺寸與風格的傢具。

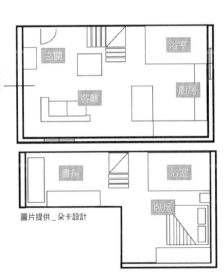

玄關　浴室　客廳　廚房

書房　浴室　臥房

圖片提供 _ 朵卡設計

讓活動傢具主導室內風格

1.現場放樣感受傢具大小和所剩空間：

平面傢具的配置可以在現場模擬動線、放樣、討論與確認，來代替平面圖。

放樣就是到現場標示傢具尺寸，直接感受傢具大小與所剩空間。由於傢具尺寸基本上是固定的，四人餐桌長約 140 ～ 150cm、六人則為 180cm；二人沙發約 160 ～ 170cm、三人則為 190 ～ 200cm 左右；床的話更是統一規格，沒啥好商量，

圖片提供_朵卡設計

⊕ 現場放樣，用膠帶黏在地板上走看看，感受一下傢具擺下去之後的實際空間。

所以隨著放樣結果出爐，大傢具的夢想通常也隨之幻滅，並發現一個殘酷的事實：我家裡其實很小，空間真的很貴！

除了平面尺寸 也別忘了針對一些狹窄空間如玄關、走廊等放樣高度。壓迫感這種東西除非親身瞭解，很難在圖面上體會。

放樣的工具是膠帶，有牛皮紙膠與電火布兩種選擇。前者放樣出來的存在感高，後者沒有餘膠黏在牆或地上的困擾，但太髒會黏不住。

2.正確丈量家中尺寸：房子裝修好了，決定自己去買傢具，要先量出家裡空間的尺寸，再決定欲購買傢具尺寸才對，丈量的方法：一定要用捲尺丈量，最好

施工流程

圖片提供_朵卡設計

從空間規劃初期就考量傢具及放樣。

攝影_Yvonne
向設計師咨詢。

攝影_Yvonne
花時間逛傢具行。

有兩個人，一人負責拉頭端，另一人負責量尾端並紀錄，房子若正常高度，可以先不用管，最重要的是每一面牆壁的長度，現在傢具賣場大部分用公分，所以單位用公分較為方便，大體上一般居家空間分為以下幾面牆面：沙發牆、電視牆、床頭牆、餐櫃牆面，量完這幾個牆面長度後，就可以量深度，例如：沙發牆與電視牆的距離就是客廳深度，床頭牆與對面牆面就是臥房深度；有了長度與深度，買傢具就有依據了。

3. 傢具放樣尺寸參考表：

- 五斗櫃：深度：35 ～ 45 cm，寬度：100cm，如果有很長的牆面想放櫃子，不用買很大或訂做，只要一模一樣的買兩個就好，例如 100cm 買兩個就成了 200cm 的櫃子。
- 單人沙發：長度：80 ～ 95 cm，深度：80 ～ 90 cm。
- 雙人沙發：長度：126 ～ 180 cm；深度：80 ～ 90 cm。
- 三人沙發：長度：190 ～ 240 cm；深度：80 ～ 90 cm。
- 電視櫃：高度：60 ～ 70 cm；深度 30 ～ 50 cm。

圖片提供 _ 朵卡設計

⊙ 傢具對於居家風格的影響非常大。圖為美式鄉村風的居家。

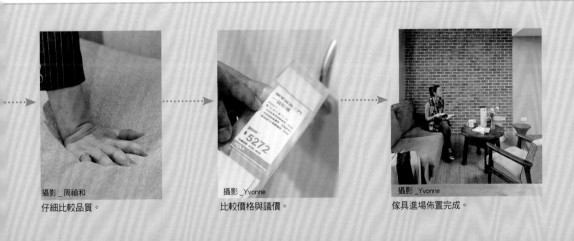

攝影 _ 周禎和
仔細比較品質。

攝影 _Yvonne
比較價格與議價。

攝影 _Yvonne
傢具進場佈置完成。

圖片提供 _ 朵卡設計

⊙ 市面上三人沙發的長度大約是 190 ～ 240 cm；深度 80 ～ 90 cm。

● 現在電視都是 LCD 或 LED，不但薄而且可掛壁，電視櫃的深度有關的是音響和其他影音設備的空間。

● 衣櫥：深度：一般 45 ～ 65 cm，採用推拉門款式衣櫃前必須留有深度一半的空間開門；外掛滑門：+6cm。

● 書桌：深度 60 ～ 80 cm（60 cm 最佳），高度 71 ～ 75 cm。

● 兒童書桌：深度 50cm，可購買調整型傢具，例如 IKEA GALANT 系列。

● 單人床：3.5×6.2 尺（105×186 公分）。

● 雙人床：5×6.2 尺（150×186 公分），Queen Size 6×6.2 尺（180*186 公分），King Size 6×7 尺（180×210 公分）。

● 窗廉盒：高度：12 ～ 18 cm；深度：單軌 12 cm；雙軌 16 ～ 18 cm（實際尺寸）。

● 餐桌：高度 75 ～ 78 cm（一般），西式高度 68 ～ 72 cm，一般方桌寬度 120 cm，90 cm，75 cm；長方桌寬度 80 cm、90 cm、105 cm、120 cm；長度 150 cm、165 cm、180 cm，210 cm、240 cm。

● 圓桌：直徑 90 cm、120 cm、135 cm、150 cm、180 cm。

- 書架：深度 25 ～ 40 cm（每一格），長度：60 ～ 120 cm；下大上小型下方深度 35 ～ 45 cm，高度 80 ～ 90 cm。
- 活動未及頂高櫃：深度 45 cm，高度 180 ～ 200 cm。

4. 以人為本 減法裝潢：空間配置的基本概念可以用一個公式表達：

「固定的室內空間 ─ 傢具收納 = 人在室內活動的空間」

因為空間有限，實在沒有多餘的地方擺那些永遠穿不到的衣服與用不到的杯子，我們是因為需要達成某項功能，才會有傢具、收納的產生，而不是為了收納而收納、才做櫃子（傢具）；這樣的觀念雖然淺顯易懂，但卻為多數人所忽視，常常看到有人本末倒置的先以收納、傢具為主，而忘了哪個位置能夠暖洋洋的曬曬太陽、人走進室內旋迴其間是否得宜，只看到處都是傢具、收納、雜物，但卻找不到一面空牆能好好擺上一幅畫：讓視覺透透氣，其實如果設計能回歸以人為本，這樣的擁擠是可以避免的。

5. 考量空間大小和預留動線，決定傢具尺寸樣式：一般來說，客廳沙發、茶几的總長最好不要超過沙發牆的 90%，這樣看起來較不會擁擠，若客廳深度沒有超過 4 米，也最好不要用高背的沙發；另外餐桌分成靠牆或獨立 2 型：若靠牆，可以是長桌或方桌，其 3 邊最好留下至少 70 公分做為餐椅與走道的預留，若獨立擺放可以是圓桌，則 4 邊最好留下至少 70 公分做為餐椅與走道的預留，當然你也可以分大、小邊，即一邊為 50 公分，另一邊 90 公分做為主要動線與餐椅預留，這樣不對稱的協調，反而有獨特美；台灣一般空間較小，餐椅最好選低背又背部透空的，這樣不僅視覺不會太重，又較有穿透感，餐桌一定

圖片提供 _ 朵卡設計

⊙ 餐椅最好選低背又背部透空的；試著採用不同顏色同風格的椅子。

要傳統的一桌六椅嗎？試著採用不同顏色同風格的椅子，平時可散置在房間當書椅，人多時搬過來用，顏色豐富又多功能。

6. 掌握風格，抓住「歷史感」：風格多樣又複雜，要怎麼樣搭配才不會走味，可以用「歷史感」粗略區分，形成一個類似光譜的風格表：
古典風歷史感重＋要對稱→鄉村風歷史感有但可混搭→美式風歷史感有但較簡潔→ 北歐風歷史感少＋近代經典設計傢具→自然風歷史感少實木多→現代風無歷史感

圖片提供 _ 朵卡設計

⊙ 美式沙發混搭中式斗櫃和傢飾。

7. 傢具購買的優先順序：餐桌是建議購買的第一樣傢具，因為餐桌上多要放垂吊燈具，若能先決定餐桌尺寸，不僅燈具較容易置中，也不會輕易撞到吊燈，然後再決定空間內的大型傢具：如客廳的主要沙發、臥房的床架，這樣將大型傢具定位，不僅風格容易確定，也方便以小來搭大，像是較次的傢具如客廳的咖啡桌、臥房的床頭桌尺寸與風格也較容易搭配；切勿以大來搭小，這樣往往風格、尺寸受限許多。
選擇你最需要的傢具並把他們列為優先購買的傢具，想想空間是缺乏傢具的嗎？某些東西已經損壞或者是需要更換？你事先有嚮往購買的物品嗎？其實不需要一次添購所有的傢具，但是空間內重要的傢具可以先定位，分批次購買傢具。

8. 傢具不求對稱，混搭協調更自由：絕對對稱是古典風格的傳統技法，給人莊重的感受，這樣的秩序感的確適用於大空間，但若在不大的空間硬要塞入對稱的傢具難免流於嚴肅而無趣。客廳一定要成套的沙發嗎？事實上不妨用不成套的沙發，當 2 人沙發是皮沙發，單人沙發即可為布沙發，反之亦然；臥房床頭桌一定要成套對稱嗎？試著看看不同高低的床頭櫃、甚至另一邊不置床頭桌，只放立燈、床下置有輪子的籃子，收納加省空間一氣呵成。

總之，混搭的傢具不一定要上下、左右的絕對對稱才會有變化感，雖然可以不求對稱，但一定要極力協調，協調的手法很多：顏色、材質、位置、比重都是方法，端看你的美學功力，這樣不對稱協調的混搭，避免流於將傢具店搬回家的公式化， 也是空間佈置要出奇制勝的重點方法。

9. 沙發與櫃子的選色：就風格而言，沙發與沙發牆的色系應該是對比的，原則是：沙發跳牆色、抱枕跳沙發。若沙發牆面顏色是冷色系（如：綠色），沙發最好是暖色系（如：米色），若用鄉村風花布沙發，沙發牆面最好是素面而非壁紙花面，因為素面對比花布、冷色系（綠或藍）對比暖色系（黃、紅）。當然若有設計師幫忙的話，也可以在賣場上拍下沙發照片，帶回與設計師好好

⊙ 沙發跳地毯、抱枕跳沙發。

討論，若能在未裝潢前，就已經決定風格當然最好，因為不同風格的傢具款式和慣用顏色式不同的，例如鮮黃色的鄉村布花的沙發適合美式、或鄉村風格，不會用這樣的沙發放在一個禪式的空間；越來越多設計公司備有單次到場的諮詢服務，若無設計師幫忙又遇到問題，其實可以尋找這樣的幫助。

讓傢具和時間一起發酵成屬於自己的味道

攝影_Yvonne

Home Data

屋主：Tina

前資深居家記者，鴉埠咖啡老闆。

所在地：新北市汐止區

屋齡：15 年

坪數：22 坪

格局：二房二廳二衛

家庭成員：1 大

傢具購買費用：
約 NT.150,000 元

前任資深家居記者 Tina，放下筆桿之後，親手打造了間咖啡店，自成一格風格的空間吸引了不少志同道合的客人，穩穩坐在激戰區永康街。對於 Tima 來說，這間店面固然是展現累積多年經驗的成果，但只有她位於汐止的家，才是真正不須考量他人、表現自我。

樓中樓的挑高空間大片玻璃窗臨著一整面搶眼的紅磚牆，不成對的燈具和四處蒐集來的傢具，讓人覺得置身巴黎有著波西米亞風情的老公寓，小小的空間隨處便是一景，讓人驚艷。對於傢飾傢具，Tina 很有自己的一套原則：「對我來說，實用比美觀重要。」記者經驗讓她看了不少華而不實的設計，薪水階級每日孜孜矻矻，也不是住在廣闊的豪宅，其實沒有多少財力和空間負擔無用或難用的東西。只要用心挑選日常用品，一張線條優雅的椅子，一個手繪插畫馬克杯，隨手一擺都好看，她說：「品味就是這樣一點一滴累積起來的。」而訣竅，就是「多看」、「錢花在刀口上」和「不要急」。

多看

「我本來就愛逛、愛看。」逛街可不是單純的敗家行為，多看可以鍛鍊品味和眼力，熟悉行情佔得先機，緣份到了屬於你的東西就會出現，小從一個釉燒碟子、大到某設計傢具出清的過季沙發都有可能。不過，有明

確目標時就不能那麼隨興了，開銷分配很重要「少買些小東西和衣服，就可以買進一件具有收藏價值的好傢具，空間日積月累就有了自己的味道。」

錢花在刀口上

好的設計，只要能符合自己的需求，並不會因為時間折損它的價值，「例如 IPOD 用的水母喇叭（Harman/Kardon Soundsticks），二代和三代都有電源開關（一代得拔插頭），對我來說差異不大，就沒有必要買到貴兩、三千元的三代。」因此其實不用追「最新款」或「最新一代」，因為新和流行往往是貴的同義詞，尋找類似風格但沒有品牌或行銷的替代品，也是較為經濟的選擇。

特別喜歡老件的 Tina 說：「有時候聽說哪邊老房子要拆，趕快跑過去看，運氣好的話就可以撿到寶。」就這樣撿來了吊燈和浴室的門；當然這樣的機會是可遇不可求，買老件舊貨的不二法門，只有多看。聊到現在越來多人懂得欣賞，老件價格水漲船高，她建議「可以往外縣市看看。」有些老件本來就來自中南部，數量較多、還未經過轉手，價格較低，不直接到當地，逛逛網拍也可能會有收穫。

不要急

最重要一點，就是要有耐性。「只要達到所需的生活機能，就不要急著湊齊所有傢具。」寧缺勿濫，只買真正想要並喜歡的，靜待你覺得 CP 值夠高的東西出現，Tina 指著店裡一面牆：「這面牆我一直都不知道要怎麼佈置，靈感還沒到，就乾

⊙ 一件件精挑細選、造型各異的不成對傢具，看起來就不會拘謹嚴肅，更有個人居家色彩。

攝影 _Yvonne

脆空著。」不胡亂填塞，就不會有空間被佔走，想換新還得處理舊的的問題；一件一件的慢慢買，每件都是精挑細選，也就不容易後悔、看膩，才能和時間一起發酵成屬於自己的味道。

　　「現在台灣人比較不像十幾年前，拘泥在『oo 風』、『xx 風』上，越來越多人擁有自己的品味，所以也漸漸關注設計傢具。」Tina 有些無奈地說：「不過壞處就是設計傢具就比以前貴很多了。」而現在，她的新目標是 Eames 夫婦設計的搖搖椅：「一生至少要擁有一張正版的經典傢具，才不枉費我在這行待那麼久啊！」

攝影＿Yvonne

☺ 請水電師傅將天花板的管線整理好，看起來也頗率性；護欄旁加了木板和椅子，就是好用的書桌了。

攝影＿Yvonne

攝影＿Yvonne

☺ Tina 十分喜歡蠟燭，覺得省電又有質感「以前看過一本書，聽說北歐因為電費貴，所以很多人還是保留使用蠟燭照明的習慣。」一個人在家，也會點亮盞盞燭光，她說：「閱讀或工作，只要一盞桌燈其實就夠了。」

☺ 前方兩張色彩繽紛的凳子，是無意中在 yaboo 附近的島民工作室發現的超可愛充滿復古情懷的「談談冰果室椅」，一張才 500 元左右，真的便宜又大碗。

攝影＿Yvonne

☺ 聽到有某處拆舊屋，Tina 特地趕過去，幸運得撿了一扇木門回來，上漆之後超有味道。

☺ 廚房中島吧台其實是用紅磚砌的，為了配合客廳的大片磚牆，「誰知道成品有著濃濃的台式鄉土味，和牆面的歐式鄉村風陶磚完全不搭，只好上漆改造。」Tina 笑著說。

攝影＿Yvonne

☑ 用現成傢具取代木作櫃

一般電視牆不論做木作或大理石都很花錢,選用現成傢具矮櫃來替代電視櫃,日後搬家時還可帶走。用價廉物美的工業化傢具代替訂製化的木作,訂製品愈少愈省錢。

☑ 新古典講求全面,混搭只須「強調」

其實空間不一定要求全面的氛圍照顧,傢具擺設須有「強調」才能生動而引人注目。所謂「強調」因素是整體中最醒目的部分,它雖然面積不大,但卻有其「特異」功能:具有吸引人視覺的強大優勢,畫龍點睛之餘,也轉移注意力,將其

圖片提供 _ 朵卡設計

⊙ 選擇風格玄關櫃,搭配燈具和小物裝飾,也是容易建立主題的佈置方法。

他因陋就簡的小瑕疵、小毛病變得不重
要了。在室內設計中可當作「強調」的
元素很多：端景牆面、主題燈具、顯眼
沙發都可以好好發揮，若不想全面花大
錢，卻又想得到「強調」的好處，可以
試試掛一組脫俗而切合主題的畫，中、
大型雕塑搶眼又能分隔空間，甚至換上
補色效果的沙發抱枕、單張地毯，空間
因為這樣適當的「強調」會增色不少，
但切忌太多沒有來由的小飾品或太瑣碎

圖片提供 _ 朵卡設計

⊙ 一進門看到的奧戴麗‧赫本照片正好成為視覺重心。

的花草，若是物件本身份量不夠無法「強調」，硬要放上去，只會減分、瑣碎之餘，連帶的其他小瑕疵、
小毛病也跟著非常顯眼。

☑ 把握傢具特賣

傢具特賣可說天天有，可分為自店特賣和傢具展，主
要冬、夏季各一檔，但農曆年前大家一定都在特賣，
過年也是 HOLA 的特價期；IKEA 多在八月初次年的
新品與目錄出來之前，出清特賣 IKEA 絕版品 5 折起；
連鎖傢具店，如詩肯柚木每季都有特價，而有情門則
不定期，通常在秋天。有會員制的傢具店，可以問親
朋好或到網路上問看看有沒有人有 85 折優惠的 VIP
卡，不會很難找。另外，寬庭 K'space，通常在過年
前會辦特賣會，除了寢具，連他們代理的傢具都有。
寢具業者常會在夏、冬兩季辦出清特賣，包括寬庭、
日比、僑蒂絲等，有些如寬庭有會員限制，但入場管
制不嚴，不會擋人，可以碰碰運氣。

攝影 _ 江建勳

⊙ 不論是傳統的傢具行還是品牌傢具店都會推
出傢具特賣，想撿便宜就要多注意特賣時間。

真假傢具的差別

Ⅰ. 與其「假」鄉村，不如「真」自然

在美式傢具中，鄉村風格一直佔有重要地位，這樣的鄉村風體現早期美國先民的開拓精神和崇尚自由、與喜愛大自然的個性。鄉村風的造型簡單，色調明快，用料自然、淳樸，精神上追逐真實、實用、耐用。為了營造這樣的鄉村風，有時也會有人想做壁爐，但身處亞熱帶的台灣，壁爐多為裝飾居多，假的壁爐實在違背鄉村風裡最基本的「真實、實用、耐用」精神，我們實在不須東施效顰，與其「假」鄉村，不如「真」自然。

⊙ 真正的鄉村風傢具。

照片提供 _ 朵卡設計

Ⅱ. 貼皮傢具與實木傢具

傢具的材料其實和木作一樣，主要材料就是實木板和各種表面貼皮的人造合成板材，例如合板、密集板。我們通常都把傢具分為實木傢具和貼皮傢具。

顧名思義，實木傢具就是用實木製作，包括集成材在內，然而消費者不知道的是很多號稱「實木傢具」其實不是全部都是實木，而是只要有部分是實木就可以了。因為實木價格昂貴，傢具廠商為了降低成本，只在某些重點部位，例如門片、桌板使用實木，其他則是用便宜木材或是合成板材貼木皮，大幅降低製造成本，而消費者也認不大出來。因此這種「實木傢具」在市場上佔很大宗，除非不肖商人存心欺騙，我們在價格上還是可以看出端倪。其實像這樣的半實木傢具質感也可以很好，耐用度也不差，不失是種經濟的好選擇。

貼皮傢具也有好壞之分，板材來說木芯板和合板強度是較好的，價格上當然也是比密集板來

得高；而表面貼皮的材質也和價格很有關係，厚的實木皮板最貴，用做半實木傢具或仿實木傢具的材料。

要分辨實木和貼皮傢具，簡單的方法就是觀察板材的角，三個斷面的交接處，如果是實木傢具，三個斷面的木紋應該是對得上的，而貼皮傢具就算貼得再漂亮，木皮用得多厚都看得出是接的。

圖片提供 _ 朵卡設計

⊙ 在臥室中，寢具床組才是決定風格的關鍵。

傢具採購時小叮嚀！

1. 買傢具，甚至是裝修前，先設定「目標風格」圖片，然後到現場進行放樣，確認傢具尺寸是否符合需求和空間。
2. 設定購買的先後順序，先買餐桌和生活必需的大件傢具，用大的去「感覺」小的，感受需要的小件傢具，如茶几邊桌和傢飾等所需要的功能和大小。
3. 其他慢慢買，多逛多看，不要急著一次買齊。
4. 大件傢具進來，就等於整個裝潢的過程告一段落。

其實設計就是知道規則然後打破規則，最重要的，是「你家就是你家」，不是和電視雜誌或設計師的作品集一樣的房子，接下來就由時間慢慢的將房子真正染上你的色彩了！

附錄 推薦工班＆廠商名單

拆除工班

正馨拆除 洪正賢
電話：0956-848-050
地址：台北市江南街 107 巷 2 號

泥作工班

森陽工程 羅光耀
電話：0953-835-737

水電、冷氣

晉鉌水電 李宏達
電話：0910-311-110、02-2245-0510
地址：台北縣中和市景平路 732 之 3 號

木作

1.創意工作坊 許佳偉
電話：0912-512-418

2.台中木工 施先生
電話：0937-219-696

油漆

1.德美油漆 蔡典霖
電話：0933-879-637、02-2597-8136
地址：台北市延平北路 4 段 67 號

2.台中油漆
何見成
電話：0932-622-421

3.東亞油漆 陳敏男
電話：0938-628-616
地址：屏東市大連路 25 巷 15 號（也防水抓漏）

4.賴先生
電話：0910-192-264

地板

源美建材／地板王 陳竑銘
電話：02-2516-8610

壁紙、窗簾

1.賽上壁紙、窗簾 蔡志成
電話：0937-940-810、02-8811-3228

2.麗簾坊 許景晴
電話：0920-174-167、04-2482-2766

系統傢具、廚具

1.好築系統櫥櫃 李曜輝
電話：0988-757-928

2.德泰系統櫥櫃
電話：04-736-2808、04-733-2628
地址：彰化縣和美鎮新中路 302 巷 672 號

3.昆德廚具 林源泰
電話：0910-014-598、02-2968-6458
地址：新北市板橋區南雅西路 2 段 46 號

4.美家屋 方建堯
電話：0921-696-168
地址：台中市福科路 27 號

門窗廠商

1.DHD 丹頂鶴摺疊門
電話：02-2790-4855、0931-398-081

2.楠森
電話：02-2293-2453
網址：www.franko.com.tw

3. 陳傑南
電話：0935-261-498 、02-2943-2471
地址：新北市新店區永平街 67 號 1 樓

4. 慶偉鋁門窗 陳慶偉
電話：0921-962-038

傢具

釩宇傢俱 洪先生
電話：0955-192-592

磁磚與衛浴設備展示中心

1. 冠軍建材
電話：02-2776-6030
地址：台北市大安區建國南路一段 161 號 1 樓（台北旗艦店「安心居」www.m-living.com.tw）
網址：www.champion.com.tw

2. 三洋磁磚
電話：02-25069299
地址：台北市民生東路三段 11 號 1 樓
網址：www.stg.com.tw

3. 羅特麗磁磚精品
電話：02-2396-1766
地址：台北市濟南路 33 號
網址：www.pdh.com.tw

4.「和成生活館」 台北旗艦店
電話：02-2506-8101
地址：台北市南京東路三段 16 號 1 樓

5. 日本 TOTO
台灣東陶
網址：www.twtoto.com.tw

6. 凱撒衛浴展示中心
電話：02-8712-2233
地址：台北市南京東路四段 25 號
網址：www.caesar.com.tw

7. 金時代衛浴 黃世文
電話：0915-878-131、02-2719-8068
地址：台北市松山區長春路 498 號
網址：www.goldenstyle.com.tw

玻璃廠商

阿水玻璃
電話：02-2261-7310、0933-705-675

裱畫

沅德藝術 吳思嫙
電話：02-2336-0926、0926-906-698、0989-108-310
地址：台北市萬華區西藏路 276 號
網址：tw.myblog.yahoo.com/angel_vv10

自己發包絕不受氣上當裝潢攻略—暢銷更新版

不怕被賺價差，小錢也能打造風格宅

我會自己做裝潢 02X

作　　者	邱柏洲、李曜輝、劉真妤
責任編輯	楊惠敏、蔡竺玲
封面設計	王彥蘋
美術編輯	吳雅惠、詹淑娟
繪　　圖	黃雅方
行銷企劃	呂睿穎

發 行 人	何飛鵬
總 經 理	許彩雪
社　　長	林孟葦
總 編 輯	張麗寶
叢書主編	楊宜倩
叢書副主編	許嘉芬

出　　版	城邦文化事業股份有限公司 麥浩斯出版
地　　址	104 台北市民生東路二段 141 號 8F
	電　　話：（02）2500-7578　傳真：（02）2500-1916
	E-mail：cs@myhomelife.com.tw

發　　行	英屬蓋曼群島商家庭傳媒股份有限公司城邦分公司
地　　址	104 台北市民生東路二段 141 號 2 樓
讀者服務專線	0800-020-299（週一至週五 AM09:30 ～ 12:00；PM01:30 ～ PM05:00）
讀者服務傳真	02-2517-0999
電子信箱	cs@cite.com.tw
劃撥帳號	1983-3516
劃撥戶名	英屬蓋曼群島商家庭傳媒股份有限公司城邦分公司

總 經 銷	聯合發行股份有限公司
電　　話	02-2917-8022
傳　　真	02-2915-6275

香港發行	城邦（香港）出版集團有限公司
地　　址	香港灣仔駱克道 193 號東超商業中心 1 樓
電　　話	852-2508-6231
傳　　真	852-2578-9337

新馬發行	城邦（新馬）出版集團 Cite (M) Sdn. Bhd
地　　址	41, Jalan Radin Anum, Bandar Baru Sri Petaling, 57000 Kuala Lumpur, Malaysia.
電　　話	603-9057-8822
傳　　真	603-9057-6622

製版印刷	凱林彩印股份有限公司
定　　價	新台幣 380 元
版　　次	2015 年 12 月二版二刷 Printed in Taiwan

Printed in Taiwan　著作權所有・翻印必究

國家圖書館出版品預行編目 (CIP) 資料

自己發包,絕不受氣、上當裝潢攻略〔暢銷更新版〕
/ 邱柏洲, 李曜輝, 劉真妤著. -- 二版. -- 臺北市：
麥浩斯出版：家庭傳媒城邦分公司發行, 2015.11
面；　公分. -- (我會自己做裝潢；02X)
ISBN 978-986-408-097-7(平裝)

1. 房屋 2. 建築物維修 3. 室內設計
422.9　　　　　　　　　　　　104021329

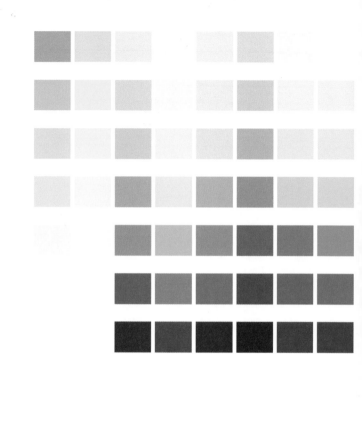